Tendências Internacionais em Formação de Professores de Matemática

COLEÇÃO TENDÊNCIAS EM EDUCAÇÃO MATEMÁTICA

Tendências Internacionais em Formação de Professores de Matemática

MARCELO DE CARVALHO BORBA (ORG.)

Antonio Olímpio Jr. (Tradução)

A. J. (Sandy) Dawson
Abraham Arcavi
Alan Schoenfeld
Helen M. Doerr
Jill Adler
Mogens Niss
Terry Wood

2ª edição

autêntica

COORDENADOR DA COLEÇÃO TENDÊNCIAS EM EDUCAÇÃO MATEMÁTICA
Marcelo de Carvalho Borba
gpimem@rc.unesp.br

PROJETO GRÁFICO DE CAPA
Diogo Droschi

REVISÃO
Dila Bragança

AUTÊNTICA EDITORA LTDA.
Rua Aimorés, 981, 8º andar. Funcionários
30140-071 . Belo Horizonte . MG
Tel.: (55 31) 3222 6819
TELEVENDAS: 0800 283 13 22
www.autenticaeditora.com.br

Borba, Marcelo de Carvalho

B726t Tendências internacionais em formação de professores de matemática /Organizado por Marcelo de Carvalho Borba ; tradução de Antonio Olimpio Júnior . — 2. ed. — Belo Horizonte : Autêntica Editora, 2010.

140 p. - (Tendências em Educação Matemática)

ISBN 978-85-7526-202-3

1.Matemática. 2.Formação de professores. I.Olímpio Júnior, Antonio. II.Título. III.Série.

CDU 51
371.13

Nota do coordenador

Embora a produção na área de Educação Matemática tenha crescido substancialmente nos últimos anos, ainda é presente a sensação de que há falta de textos voltados para professores e pesquisadores. Esta coleção surge em 2001 buscando preencher esse vácuo sentido por diversos matemáticos e educadores matemáticos. Bibliotecas de cursos de Licenciatura, que muitas vezes têm títulos em Matemática não tinham publicações em Educação Matemática nem textos de Matemática voltados para o professor.

Em cursos de Especialização, Mestrado e Doutorado com ênfase em Educação Matemática, ainda há falta de material que apresente de forma sucinta as diversas tendências que se consolidam nesse campo de pesquisa. A coleção *Tendências em Educação Matemática* é voltada para futuros professores e para profissionais da área que buscam de diversas formas refletir sobre esse movimento denominado Educação Matemática, o qual está embasado no princípio de que todos podem produzir Matemática, nas suas diferentes expressões. A coleção busca também apresentar tópicos em Matemática que tenham tido desenvolvimentos substanciais nas últimas décadas e que possam se transformar em novas tendências na grade curricular do Ensino Fundamental, do Médio e do Universitário.

Essa coleção é escrita por pesquisadores em Educação Matemática ou em uma dada área da Matemática, com larga experiência docente, que pretendem estreitar as interações entre a Universidade que produz pesquisa e os diversos cenários em que se realiza a Educação. Cada livro indica uma extensa bibliografia na qual o leitor poderá buscar um aprofundamento em uma dada tendência em Educação Matemática.

Este livro apresenta as ideias de alguns dos maiores especialistas em formação de professores de matemática de diversos países: Estados Unidos, Dinamarca, África do Sul e Israel. Nos diversos capítulos destes autores são apresentados resultados de pesquisa e modelos utilizados na formação de professores nos países citados acima, mas também em outros como aqueles situados no Pacífico Sul. No capítulo de apresentação do livro, destaco algumas possibilidades de novas pesquisas que os artigos dos especialistas apresentam, assim como listo questionamentos na área de formação de professores que ainda não estão sendo abordados.

*Marcelo de Carvalho Borba**

---

* Coordenador da Coleção "Tendências em Educação Matemática", é Licenciado em Matemática pela UFRJ, Mestre em Educação Matemática pela UNESP, Rio Claro/SP, e doutor nessa mesma área pela Cornell University, Estados Unidos. Atualmente, é professor do Programa de Pós-Graduação em Educação Matemática da UNESP, Rio Claro/SP. Por curtos intervalos de tempo, já fez estágios de pós-doutoramento ou foi professor visitante nos Estados Unidos, Dinamarca, Canadá e Nova Zelândia. Em 2005 se tornou livre docente em Educação Matemática. É também autor de diversos artigos e livros no Brasil e no exterior e participa de diversas comissões em nível nacional e internacional.

Sumário

Apresentação

Diversidade de questões em formação de professores de matemática[1]

Marcelo C. Borba

> Minha utopia, como educador, é que as novas gerações serão capazes de atingir cidadania e criatividade... Minha utopia, como matemático, é que a matemática é essencial para atingir a minha utopia de educador (D'Ambrosio, 2005, p. 97).

> A palavra democracia, que se tornou a justificativa para atos reprováveis, é a governabilidade através da capacidade do povo influir nas decisões. Longe de estar presente nos países. O terrorismo sectário tem como resposta o terrorismo dos estados. O estado do mundo é deplorável! Contraditoriamente, as realizações científicas e tecnológicas são surpreendentes. Penetra-se na maior intimidade do corpo humano e da matéria, viagens interplanetárias são possíveis, está-se conseguindo comunicação instantânea, praticamente sem limitações. O estado da matemática, da ciência e da tecnologia é de maravilhar! (D'Ambrosio, 2005, p. 99).

[1] Embora não sejam responsáveis pelas posições aqui expressas, gostaria de agradecer a Silvana Claudia Santos, Rubia Barcelos Amaral Zulatto, Antonio Olímpio Jr, Sandra Barbosa, Sueli Javaroni, Adriana Richit, Maurício Rosa, Ana Paula Malheiros, Ricardo Scucuglia, João Azevedo e Leandro Diniz, membros do GPIMEM, pelos comentários e pelas críticas nas versões preliminares deste texto.

D'Ambrosio, de forma contundente, nos lembra, nos trechos acima, da contradição entre o desenvolvimento cada vez mais marcante da Matemática e o estado deplorável em que se encontra o mundo. De forma mais suave, mas análoga, podemos estender o contraste acima quando pensamos no estado da Matemática acadêmica, que é desenvolvida enquanto pesquisa, por um lado, e as salas de aula do ensino fundamental, do ensino médio e do ensino universitário, por outro.

Este livro discute uma questão que tem se tornado fundamental para lidar com o fato de a Matemática ser um problema na educação básica: formação do professor de Matemática. Perguntas nessa área surgem por todos os lados e representam uma imensa variedade: Como o professor deve lidar com o livro didático na sala de aula? Que Matemática o futuro professor deve estudar para que seja um professor competente? Que novas demandas as tecnologias da comunicação e informação trazem para o professor de Matemática? Qual a dinâmica adequada para a educação continuada do professor? Essas indagações são apenas uma pequena amostra da diversidade de questões que têm sido tratadas tanto no Brasil como no exterior.

Neste livro, alguns dos mais importantes pesquisadores dessa área, que trabalham em países como África do Sul, Estados Unidos, Israel, Dinamarca e diversas Ilhas do Pacífico, nos trazem resultados dos trabalhos desenvolvidos. Os resultados e os dilemas apresentados por esses autores de renome internacional são complementados pelos comentários que faço nesta apresentação, visando relacionar as experiências deles com aquelas vividas por nós no Brasil. Aproveito também para propor alguns problemas em aberto, que não foram tratados por eles, além de destacar um exemplo de investigação sobre a formação de professores de Matemática que foi desenvolvida no Brasil.

Como toda questão complexa, essas indagações também não têm respostas simples; pelo contrário, há perspectivas diversas sobre elas. Em um dos trabalhos mais consistentes nessa área realizados no Brasil, Moreira e David (2005) analisaram uma parte considerável da literatura sobre o tema buscando compreender a formação matemática do professor. Esses autores contrastam a tendência da *transformação didática* com aquela da *independência do conhecimento escolar*. A primeira veria o conhecimento escolar como aquele que é didatizado a partir do conhecimento científico ou acadêmico. Nessa visão, à pedagogia caberia apenas o papel de "azeitar" o conhecimento científico permitindo, assim, que o sistema usual de licenciatura, baseado no modelo 3 +1 (três anos de conteúdo (matemático) mais um de pedagogia) pudesse sobreviver sofrendo adaptações apenas em relação às tensões entre o desenvolvimento do conhecimento científico e a ordem a ser exposta em sala de aula. Nesse sentido, nas disciplinas pedagógicas seriam estudados os principais problemas relacionados à forma como o conhecimento acadêmico foi transposto para a sala de aula. Essa tendência em educação matemática ficou conhecida como "didática francesa" (Pais, 2001).

A segunda aponta que o conhecimento escolar é independente do conhecimento científico. Essa tendência, ainda de acordo com Moreira e David (2005), se apoia no ensino de francês que teria sido criado na França, no qual as regras eram somente para a escola, e não a partir de algum tipo de transposição do conhecimento científico sobre essa língua. Segundo essa visão, o movimento da escola seria independente da dinâmica da ciência. A busca de um caminho intermediário com consequências diretas para os intensos debates sobre a formação de professores é o que caracteriza o livro desses autores.

Eles não aceitam a noção de que a escola apenas traduz o conhecimento científico, com base em uma visão de que ela tem uma dinâmica própria e, da mesma forma, criticam as posições que não consideram a dialética entre o conhecimento escolar e o acadêmico. Ao expor a tensão entre essas duas propostas – que têm peso no debate sobre a formação de professores –, esses autores constroem uma alternativa, de acordo com a qual a formação dos professores tematize tanto a Matemática acadêmica como a escolar. Há, por exemplo, distinções importantes para a Matemática escolar que não o são para a acadêmica ou compreensões que precisam ser construídas ao longo do ensino fundamental, que não passam de definições na Matemática científica. A diferença entre notação decimal e fracionária nos números racionais e a operação de multiplicação e divisão nesse conjunto são temas difíceis de ser tratados na Matemática escolar. Por outro lado, eles podem ser vistos como pouco importantes ou até mesmo irrelevantes do ponto de vista da Matemática acadêmica, portanto não são objeto de problematização em disciplinas que têm como base a Matemática acadêmica. Moreira e David (2005) defendem que, embora haja uma ênfase demasiada no ensino do conhecimento científico da Matemática, alicerce do modelo 3+1, é fundamental que o futuro professor conheça as diferenças entre as justificativas que validam os conhecimentos escolares e científicos em Matemática.

O trabalho desses autores aponta uma tensão fundamental que deve ser resolvida por aqueles preocupados com a formação inicial de professores: há matemáticas diversas sendo desenvolvidas em ambientes culturais diferentes: a escola e a academia. Justificativas e formas de expressão são aceitas em um meio, e não em outro. Por outro lado, essas duas modalidades de Matemática não são conjuntos disjuntos; há, portanto, interseções entre elas. Os autores não se referem à Etnomatemática, de forma direta; por outro lado, creio que boa parte da pesquisa brasileira sobre a formação de professores é influenciada, inclusive essa brevemente apresentada acima, pela noção de etnomatemática (D'Ambrosio, 2001), que permeia a educação matemática brasileira.

Esse construto, que teve sua origem na noção de que grupos de favelados, povos indígenas ou químicos, desenvolvem (etno)matemática diferenciada daquela que se convencionou chamar de *Matemática*, ou seja, a Matemática acadêmica desenvolvida por profissionais há cerca de 200 anos. Há mais de 20 anos pesquisas que utilizavam o construto de etnomatemática começaram a ser desenvolvidas. Por exemplo, Borba (1987) documentou e tematizou a pesquisa feita por favelados de forma que uma das partes gerasse uma proposta pedagógica para as crianças daquela favela e incorporasse a etnomatemática lá desenvolvida, através de projetos (ou modelagem, conforme discutido em Rosa; Orey, 2003) desenvolvidos a partir de temas escolhidos pelos meninos e pelas meninas. Na pesquisa que realizei, também utilizei a metáfora do bilinguismo para debater a tensão entre a Matemática da favela e aquela que tinha aprendido no meio acadêmico. Assim, alguém que pertence a um grupo cultural que desenvolve uma etnomatemática, pode desenvolver uma outra Matemática assim como alguém que sabe inglês é capaz de aprender português. Há também, nesse caso, a possibilidade de que estruturas e termos comuns sejam encontrados em ambas as "línguas", ilustrando, mais uma vez, o fato de que as etnomatemáticas não seriam disjuntas.

Como toda metáfora, a etnomatemática tem limites, e o leitor certamente poderá encontrá-los. Embora a metáfora do bilinguismo não seja utilizada, tenho a impressão de que parte da pesquisa em formação de professores poderia utilizá-la como forma de ilustrar a tensão vivida pelo licenciando que tem que compreender como a Matemática é desenvolvida ao mesmo tempo como ciência e na escola.

De todo modo, a pesquisa no Brasil já passou do tempo em que proclamava apenas de modo geral: "temos que gerar um professor reflexivo" para um estágio no qual já apresenta discussões elaboradas que são ao mesmo tempo fruto e semente de novos questionamentos. Em particular esse "tom etnomatemático" tem lhe conferido um caráter original e, direta ou indiretamente já atinge autores do exterior, inclusive. Mesmo trabalhos desenvolvidos no exterior poderiam ser vistos sob a ótica da Etnomatemática: por exemplo, o seminal trabalho desenvolvido por Ball e Bass (2003) ilustra a especificidade do conhecimento matemático escolar e do conhecimento matemático científico que o professor necessita para lidar com a sala de aula.

Numa linha paralela, mas sob outras motivações e perspectivas, o dinamarquês Mogens Niss (neste livro) pergunta: o que significa dominar a Matemática? Tal questionamento foi feito como ponto de partida para responder a uma demanda institucional do governo dinamarquês, que reuniu diversos educadores matemáticos daquele país, para estabelecer uma agenda de pontos a ser modificados na educação matemática nacional e que culminou com a criação do projeto KOM[2].

---

[2] O equivalente em português a "competências e a aprendizagem da Matemática".

Os dirigentes daquele país pediram que como resultado desse projeto fossem identificados, e se possível tratados, os principais problemas da educação matemática local.

A palavra competência – cujas acepções eu esclarecerei a seguir – se tornou chave no contexto dinamarquês. A formação do professor de Matemática foi eleita como um tema prioritário a ser debatido. A título de informação, vale a pena destacar que, ao contrário do sistema brasileiro, naquele país o professor "generalista" pode ensinar até a sexta série sem qualquer formação específica. É claro que qualquer comparação entre Brasil e Dinamarca deve ser feita com extremo cuidado, já que, além das diferenças gritantes concernentes à democracia econômica – sendo este último um dos poucos países "sociais-democratas" com sistema público-estatal de educação, saúde e aposentadoria – a Dinamarca tem apenas pouco mais de cinco milhões de habitantes.

Mesmo considerando tais diferenças, é interessante notarmos que a questão das competências foi destacada como ponto central na formação de professores na Dinamarca, mostrando outro ponto de contato com parte das pesquisas realizadas aqui, no Brasil. De todo modo, naquele país, a partir da definição de competência em Matemática, tem sido discutida tanto a formação do professor generalista como a do professor específico. Dentro das propostas apresentadas, uma ênfase ainda maior, do que a que já se tem naquele país, na modelagem, ou seja, na capacidade de relacionar "ferramentas matemáticas" com problemas da prática cotidiana, envolvendo, inclusive, os vinculados a questões sociais. O KOM, descrito em detalhes no capítulo II deste livro, prioriza a Matemática aplicada, o desenvolvimento histórico e a natureza da Matemática, como aspectos que devem perpassar a educação de todo cidadão e, em especial, dos professores. No enfoque apresentado, entende-se que o cidadão deve saber apenas algumas partes da Matemática acadêmica, como aspectos epistemológicos, que ilustrem como ela tem características iguais ou diferentes de outras ciências. O desenvolvimento histórico dessa ciência, assim como os diferentes papéis assumidos por ela em diferentes momentos da história, são destacados, e a ênfase nas aplicações é vista, portanto, dentro de um contexto epistemológico histórico e crítico. Essa visão parece ser coerente com um país que tem enfatizado, tanto em nível de pesquisa como em nível de prática, o que na educação matemática brasileira tem sido mais conhecido como modelagem e que se aproxima do que é denominado pedagogia de projetos tanto na educação brasileira em geral, quanto em outros países[3].

No KOM foram listadas competências fundamentais que devem ser desenvolvidas pelos alunos, e foi estipulado que a formação do professor deve ser fundamentada no cumprimento das metas propostas para os estudantes. Nesse projeto há também uma crítica ao modelo 3+1, adotado também em algumas universidades que formam o professor especialista, já que o modelo de ensino por competências e uma visão ampla dessa noção não podem ser atingidos por disciplinas dadas por matemáticos, somados a cursos gerais de Pedagogia. Em outras palavras, eles se unem a outros autores, inclusive alguns brasileiros, que defendem que não deve ser deixado para o professor realizar integralmente a síntese entre o que é visto em partes dicotômicas de sua formação: a matemática e a pedagógica.

Dentro da complexidade da temática formação de professor de Matemática, Jill Adler (neste livro) apresenta uma discussão que aparentemente é bastante distante de nossa realidade: construir a educação pós-*apartheid* na África do Sul, desafio que, segundo ela, parece ser superior a outros já enfrentados em vários pós-guerras. Embora o foco do seu trabalho se refira aos problemas da construção dessa educação, ela também aborda questões ligadas às especificidades da Matemática para a formação de professores, assim como olha com bastante reserva aqueles que acham que mais Matemática para os professores já formados seja a solução.

Nesse capítulo, Adler se refere aos vinte anos da existência dos trabalhos de Schulman, que introduziram de forma

[3] Tanto no Brasil como em outros países existe uma polissemia quando termos como modelagem ou pedagogia de projetos são utilizados, em particular quando são especificados os papéis do professor e do aluno na escolha do tema a ser modelado ou no projeto a ser desenvolvido.

marcante a problemática emergente da complexidade do trabalho do professor na sala de aula. Com um enfoque inspirado no que chamaríamos no Brasil de Etnomatemática, ela analisa em profundidade o papel do contexto na configuração da Matemática necessária para a formação do professor. Numa analogia expressiva, afirma que se há demandas específicas para a Matemática a ser ensinada para enfermeiros, mais ainda deveria haver para aquela destinada a professores.

No caso específico, ela enfatiza os problemas do multilinguismo na África do Sul como um fator complicador. Adler ilusta como a Matemática se dissolve dentro de cenários linguísticos onde as raízes das palavras assumem significados substancialmente diferentes daqueles comumente atribuídos dentro de culturas que utilizam o inglês como primeira língua.

A relação entre Matemática e aspectos linguísticos não é um problema apenas da África do Sul. Numa perspectiva similar, mas em outro contexto, Bill Barton (2002) tem investigado os problemas da transformação que a Matemática sofre ao se mesclar com o Maori, língua nativa da Nova Zelândia. O interessante, no caso de Adler, é que ela traz essa discussão para a formação de professores, integrando-a à questão política da construção da democracia na África do Sul. Além disso, ela aponta que desenvolver a capacidade de lidar com a "tradução bilateral" entre atividades propostas e os significados respectivos nas diferentes línguas não faz parte dos cursos de formação de professor. Nesse sentido, remodelar e readaptar atividades para contextos sociolinguísticos especiais são exemplos citados por essa pesquisadora.

O problema apontado por Adler, mas que também tem sido levantado por autores como Barton, tem sido tema de pesquisa, devido a sua complexidade, e fundamentalmente devido à relevância para aqueles que não acreditam que a expressão matemática é única e independente da língua materna, na qual ela está sendo aprendida.

No contexto brasileiro, a importância de estudos que relacionam Linguística e educação matemática parece indiscutível se levarmos em conta as pesquisas em educação matemática indígena e etnomatemática, que vêm sendo realizadas no Brasil, em particular, na última década (Scandiuzzi, 2000). Creio, também, que o próprio português assume "personalidades" bastante diferentes nos diversos contextos, e há necessidade de pesquisas que visem identificar significados oriundos de diferentes grupos culturais e que difiram substancialmente daqueles atribuídos pela Matemática acadêmica ou pela Matemática escolar, já que estas detêm um grande poder de perpetuação por meio dos livros didáticos.

Diversidade linguística é também um dos problemas apresentados por Sandy Dawson (neste livro) ao lidar com a formação de professores de Matemática nas ilhas do Pacífico. O contexto que motiva o trabalho de Dawson é, no mínimo, complexo: um grande número de pequenas nações, com populações que muitas vezes falam línguas e dialetos diversos, sem tradição de formação de professores e com universidades em estágio inicial de organização. Tais dificuldades são ainda ampliadas por fatores geográficos e uma incipiente rede de comunicações, que fazem com que, por exemplo, as viagens entre algumas ilhas demorem vários dias.

Nesse cenário, Dawson apresenta um modelo de formação de professores que poderia, por exemplo, servir de inspiração para a região amazônica, já que tanto a comunicação quanto a diversidade de línguas (em especial se levarmos em conta as variações do português existentes nas cidades ribeirinhas) podem ser vistas como semelhantes àquelas encontradas nas ilhas do Pacífico.

Uma das abordagens fundamentais no projeto desenvolvido por Dawson é sintetizada na sigla SUBTLE (subordination of teaching to learning), acronismo que pode ser traduzido como *sutil* e que pretende, de acordo com Dawson, enfatizar a "subordinação do ensino à aprendizagem". SUBTLE, um enfoque inspirado em Caleb Gattegno, enfatiza o "ouvir o aluno" e o respeito profundo à sua identidade e sua capacidade. Baseado em tais princípios, o projeto os adotou no trabalho com os professores-estudantes, mostrando-se bastante apropriado para um público que, embora atuasse na função docente, em geral não possuía mais do que cinco anos de educação formal. Outro princípio fundamental do projeto é que apenas a consciência é educável, portanto só se pode ensinar algo que, de alguma maneira, permeie ou faça parte da experiência das pessoas. Pensar questões como essas, em países com pouca tradição de educação (matemática), dá uma nova dimensão aos inúmeros problemas debatidos em relação à formação de professores já listados aqui.

De modo contrastante, Abraham Arcavi e Alan Schoenfeld (neste livro), desenvolveram pesquisa em uma sociedade com tradição em educação e com inúmeros programas de pós-graduação. Esses autores analisam uma proposta de oficina que criaram para professores de Matemática que têm desempenhado outros papéis (supervisores de professores de Matemática, organizadores de currículo, alunos de doutorado, pesquisadores) na educação matemática israelense. Nessa proposta, foram utilizados materiais de pesquisas já elaboradas ao mesmo tempo que realizavam novas pesquisas. Vídeos do PISA[4], um dos testes de comparação de performance internacional, foram utilizados mostrando como diferentes professores em diferentes países interagiam com seus alunos. Os autores tinham a conjectura de que os participantes da oficina iriam analisar as ações dos professores em cada pedaço de vídeo, filmado em diferentes países, na perspectiva da prática específica de cada participante, ou seja, supervisionar professores de Matemática, montar currículo ou fazer pesquisa. Os vídeos seriam interpretados com base no conhecimento específico, nas convicções e nas metas de cada professor.

O processo começava com uma pergunta geradora formulada pelo líder da oficina: "qual a intenção do professor (mostrado no vídeo) ao fazer essa intervenção?" A pergunta se refere a uma intervenção do professor diante de uma problemática da sala de aula mostrada em vídeos. Esse tipo de oficina tem consequências importantes em termos de pesquisa em formação docente, na medida em que a prática docente se torna o foco da abordagem. Os pesquisadores notaram que a tendência dos

[4] Program for International Student Assessment, que pode ser traduzido como Programa para Avaliação Internacional dos Estudantes.

participantes era muito mais no sentido de avaliar a intervenção ("ele não deveria ter falado isso para seus alunos"), do que de interpretar e tentar compreender as razões do professor, no contexto em que ele atuava e na forma de interação. Esses pesquisadores acreditam que mostrar a prática do professor em oficinas como aquelas pode ser um caminho para estimular uma reflexão de cunho interpretativo por parte do professor, mesmo que tal sugestão ainda seja feita com cautela, porque seriam necessários mais estudos. De todo modo, pesquisas como esta não apenas explicitam um modelo que visa compreender o professor em sua prática como também induzem a geração de novas pesquisas. Realizar oficinas em que se busca analisar a forma como o professor vê a prática docente não parece ser um tipo de pesquisa desenvolvida no Brasil, se tomarmos por base o inventário feito por Fiorentini *et al.* (2003).

Numa linha similar, o capítulo protagonizado por Helen Doerr e Terry Wood, explora a chamada *pesquisa-projeto* (*design research*), que busca responder a uma série de limitações em pesquisas de modo geral e, particularmente, naquelas voltadas para formação de professores. Essas autoras pensam em projeto, ou *design*, no sentido de arquitetura, ou seja, de elaborar um projeto para gerar algum produto. Elas creem que pesquisas que gerem artefatos podem contribuir para atacar problemas frequentes nas pesquisas sobre formação de professores de Matemática: pesquisas isoladas que não geram resultados socializáveis; número alto de pesquisas envolvendo autoestudo ou estudo de um membro do próprio grupo; e pesquisas intervencionistas, que não geram produtos para outros professores.

Assim, a pesquisa-projeto pretende que o desenvolvimento da pesquisa se transforme em um produto para a comunidade como um todo de educação matemática. As autoras apresentam dois exemplos, um deles sobre funções exponenciais, mostrando caminhos que podem ser percorridos para a introdução desse conteúdo, inclusive aquelas de base "*e*", tanto para o ensino médio como para o ensino de nível universitário. Uma etapa da oficina para professores foi desenvolvida a partir de uma atividade que tenta contornar o modo usual como essa base é introduzida, geralmente sem sentido, ou tendo que usar conteúdos matemáticos fora do escopo dos alunos. Os professores – após debater e discutir essa perspectiva, que incluía o uso de calculadoras gráficas – foram para suas respectivas salas de aula aplicar as atividades. "Notas rápidas" eram tomadas por esses professores buscando um mapeamento de soluções diferentes que apareceram. Num segundo momento, onde a parte coletiva da oficina foi retomada, os professores debateram e surpreenderam-se com o rol de soluções criativas apresentadas. Houve também aprendizado por parte dos professores, que não estavam cientes de determinados aspectos da base "*e*", que podem ser trabalhados já em cursos de pré-cálculo. As diversas soluções documentadas constituiriam o produto, ou seja, um repertório de conhecimento que professores / pesquisadores poderiam utilizar para lidar com ensino, aprendizagem e pesquisa.

Os capítulos dessas duas duplas de autores, Arcvavi; Schoefeld e Doerr; Wood, mostram o entrelaçamento entre pesquisa e prática, um traço marcante da pesquisa em formação de professores. Modelos de oficinas, busca de soluções e propostas de pesquisas que ainda não são desenvolvidas no Brasil ou que ainda não estão dentro dos quadros teóricos apresentados por esses autores, são uma possibilidade de se compreender a relevância desses capítulos dentro do contexto brasileiro.

A diversidade de contextos educacionais apresentados pelos autores desses capítulos pode encontrar paralelos no Brasil, que vive contrastes sociais não só como país, mas em cada estado e em praticamente cada cidade. As diferentes pesquisas discutidas neste livro e na vasta literatura sobre formação de professores (de Matemática) mostram diversos níveis e enfoques do que Fiorentini (2004) chama de prática colaborativa, ao mesmo tempo que sugere caminhos para a pesquisa que receba esse mesmo adjetivo. Parece-me razoável supor que a pesquisa realizada em formação de professores no Brasil, ilustrada tanto pelos exemplos citados em Fiorentini (2004), Fiorentini *et al.* (2003), quanto em Moreira e David (2005), evidenciam o fato de que nossa pesquisa dialoga em nível de igualdade com algumas das tendências internacionais apresentadas neste livro.

A noção de Etnomatemática parece nos dar um diferencial, na medida em que nos sentimos mais à vontade para lidar com diversas matemáticas e aceitar que grupos socioculturais como os dos professores, em diferentes escolas ou em diferentes contextos, podem produzir conhecimento diferenciado e buscar soluções originais para os desafios cotidianos. A Etnomatemática, muitas vezes criticada por estar vinculada somente a contextos não formais (e.g. favelados, como no caso de Borba, 1987) ou de não ter aplicações práticas, certamente já invade diversos aspectos da educação matemática, como no caso de formação de professores ou no uso de informática (Borba; Villarreal, 2005) e a formação de professores. Neste último é feita uma ligação para mostrar como a Matemática varia de acordo com o grupo cultural e encontra paralelos quando substituímos a informática por outros tipos de mídias. Assim, a Matemática também assume contornos próprios quando "atores" como a informática ingressam em processos de produção de conhecimento. No caso da formação de professores, como já afirmado, permite que pensemos o ambiente da escola como um contexto e a academia como outro, ambos moldando a Matemática desenvolvida.

Por outro lado, é necessário que aprendamos com exemplos originados de pesquisas em outros países. Educadores matemáticos já se tornaram desenvolvedores de currículo, e há entre os principais autores de livros didáticos para o ensino fundamental e médio, nomes com estreita conexão com a nossa comunidade. Eles se nutrem e "traduzem" as pesquisas presentes em teses, dissertações, periódicos da área[5] e em congressos. Tal processo se torna mais intenso com a recente "explosão" da pós-graduação no Brasil. Coleção de livros, como *Tendências em Educação Matemática*, dá subsídios para reflexões do (futuro) professor, ao mesmo tempo que "destila" pesquisas feitas de modos distintos das traduções realizadas por autores de livros didáticos. Mas é necessário que não deixemos apenas para os

[5] Boletim de Educação Matemática (BOLEMA); ZETETIKE; Grupo de Estudos e Pesquisa em Educação Matemática (GEPEM) e Sociedade Brasileira de Educação Matemática (SBEM).

autores estrangeiros ou matemáticos nacionais a tarefa de estruturar textos matemáticos para a formação de professor.

Poderíamos nos inspirar nas pesquisas discutidas neste livro para gerar – enquanto comunidade – livros (e outras formas de publicação) de Cálculo, Álgebra Linear, Análise e Estruturas Algébricas. Precisamos de textos que sirvam como indutores de reflexão para os professores, no sentido de tensionar as diferenças entre a Matemática escolar e a acadêmica, conforme discutido por Moreira e David (2005). Precisamos que alguns de nossos educadores matemáticos editem novas versões de textos como o de Bento Jesus Caraça (1970), para que eles sejam utilizados na formação inicial, na continuada e na pós-graduação em educação matemática. É nesse sentido que as ideias de pesquisa-projeto podem tornar-se fecundas.

Na mesma direção, ainda, geramos enquanto comunidade poucos vídeos para utilizar em sala de aula e em cursos de formação de professores, o que poderia ser fundamental para todos, mas em particular para aqueles que querem preservar suas tradições culturais como os povos que habitam o Brasil, mas não têm o português como primeira língua. Creio que livros e pesquisas são apenas um componente do fenômeno formação de professores.

No entanto, é possível identificar a ausência de pesquisas nessa amostra do exterior, que associem internet e formação de professores. Nesse sentido, a UNESP de Rio Claro desenvolve pesquisas de ponta com projetos como Interlink[6] e as pesquisas do GPIMEM, que buscam identificar padrões próprios de interação em ambientes virtuais (Gracias, 2003; Borba; Penteado, 2001; Zulatto, 2005) ou a natureza da Matemática desenvolvida em cursos e outras formas de interação a distância (Borba, 2005; Borba *et al.* 2005; Santos, 2005; Borba; Santos, 2005). Por exemplo, Borba (2005) inicia uma discussão de como um ambiente de sala de bate-papo modifica a natureza da matemática produzida pelos professores participantes. Em um curso a

[6] Projeto dirigido pela Profa. Dra. Miriam Godoy Penteado. O endereço eletrônico da Rede Interlink é <www.rc.unesp.br/igce/matematica/interlk>.

distância, há sessões síncronas uma vez por semana, através de uma sala de bate-papo. Professores de diversas localidades discutiram em uma dada aula um problema relacionado a funções e a coordenação das representações gráficas e algébricas. Por um lado, não há uma "lousa comum", no caso em questão, que possa ser utilizada para discutir o exemplo, do modo como estamos acostumados a fazer na sala de aula usual. Por outro lado, a necessidade da escrita natural, devido à interface informática – sala de bate-papo – exige um casamento entre língua materna e Matemática, que nem sempre é encontrado em sala de aula. Há pesquisas em andamento nessa fértil área, tanto quanto há o uso de outras interfaces que permitem que todos vejam virtualmente a mesma lousa, até aquelas que tentam detalhar a natureza das manifestações escritas feitas em cursos em que salas de bate-papo são as principais interfaces de comunicação.

Em 2005, desenvolvemos no GPIMEM pesquisas que analisam as possibilidades de que um centro virtual de modelagem (CVM) sirva de apoio para o professor que aceita enfrentar o risco de lidar com projetos abertos em sala de aula. Deixar que o aluno também decida o que deve ser estudado é um desafio que muitas vezes inibe o professor que decidiu adotar a modelagem em sala de aula. Esse centro está se tornando tanto um local para divulgação de atividades daqueles que já desenvolvem atividades dessa forma, quanto um local para a troca. Durante doze meses, como parte de um esforço conjunto com diversos grupos de pesquisa da área de computação (<www.tidia.fapesp.br>) chegamos a um modelo que permitirá, quando totalmente implementado, que os participantes desenvolvam, sem precisar de saber computação e com autonomia, uma parte desse ambiente. Buscamos, portanto, como parte dessa pesquisa, um modelo de ambiente para trocas, que seja coerente com a modelagem, como já argumentamos sobre a sinergia entre modalidades de pesquisa e o enfoque pedagógico modelagem (Araújo; Borba, 2004). Esse projeto, cujas dificuldades são boa parte dos resultados até o momento, aponta para uma área que condensa pesquisas, por um lado, em modelagem e formação de professores de matemática, tendências da educação Matemática e, por outro, em computação.

A formação de professores é, de fato, um dos temas mais relevantes dentro da educação matemática. Há fenômenos como os apresentados acima, na interseção com a tendência que lida com as tecnologias da informação e da comunicação. Há outros ainda próximos cuja investigação mal foi iniciada: a educação a distância seria uma opção mais adequada para a formação continuada de professores de Matemática? Por um lado, perdemos a sala de aula; por outro, ganhamos a possibilidade de cursos de longa duração envolvidos com o cotidiano do professor. São perguntas em aberto, que, creio, ainda não foram detalhadas para se tornar perguntas de pesquisa.

Esta introdução às tendências internacionais em formação de professores de Matemática buscou apresentar as pesquisas desenvolvidas em diversos países pelos autores estrangeiros mais importantes nesta tendência em educação matemática. Mais ainda: almejou relacionar a pesquisa desses pesquisadores com aquela desenvolvida por autores nacionais e levantar alguns problemas que parecem ainda não ocupar o centro do palco daqueles que se dedicam prioritariamente à pesquisa em formação de professores de Matemática.

Referências

ARAÚJO, J. L.; BORBA, M. C. Construindo pesquisas coletivamente em educação matemática. In: *Pesquisa qualitativa em educação matemática*. Belo Horizonte: Autêntica, 2004.

BALL, D. L.; BASS, H. Making Mathematics Reasonable in School. In: KILPATRICK, J.; MARTIN, W. G.; SCHIFTER, D. (Eds.). *A Research Companion to Principals and Standards for School Mathematics*. Reston, VA: National Council of Teachers of Mathematics, 2003. p. 27-44.

BARTON, B. O desenvolvimento de um registro matemático maori. In: *Boletim de Educação Matemática - BOLEMA*. n. 17, 2002. p. 71-82.

BORBA, M. C. *Um estudo em etnomatemática: sua incorporação na elaboração de uma proposta pedagógica para o núcleo-escola da vila Nogueira*. 1987. 266 f. Dissertação (Mestrado em Educação Matemática) – Instituto de

Geociências e Ciências Exatas, Universidade Estadual Paulista, Rio Claro, 1987.

BORBA, M. C.; MALTEMPI, M. V.; MALHEIROS, A. P. S. Internet avançada e educação matemática: novos desafios para o ensino e aprendizagem on-line. In: *Revista Novas Tecnologias na Educação - RENOTE*, IV Ciclo de Palestras Novas Tecnologias na Educação, Porto Alegre, 2005.

BORBA, M. C.; PENTEADO, M. G. *Informática e educação matemática*. Belo Horizonte: Autêntica, 2001.

BORBA, M. C.; SANTOS, S. C. Educação Matemática: propostas e desafios. *EccoS – Revista Científica*. São Paulo, v. 7, n. 2, p. 289-310, jul./dez., 2005.

BORBA, M. C.; VILLARREAL, M. E. *Humans-With-Media and the Reorganization of Mathematical Thinking: information and communication technologies, modeling, experimentation and visualization*. v. 39, U.S.A., Springer, 2005.

BORBA, M. C. The Transformation of Mathematics in On-line Courses. In: *Proceedings of the 29th Conference of the International Group for the Psychology of Mathematics Education*, PME, Melbourne, Austrália, 2005.

CARAÇA, B. J. *Conceitos fundamentais da matemática*. Lisboa: Fotogravura Nacional de Lisboa, 1970.

D'AMBROSIO, U. *Etnomatemática: elo entre as tradições e a modernidade*. Belo Horizonte: Autêntica, 2001.

D'AMBROSIO, U. Armadilha da mesmice em educação matemática. In: *Boletim de Educação Matemática, BOLEMA*, ano 18, n. 21. Rio Claro: UNESP, 2005. p. 95-110.

FIORENTINI, D. Pesquisar práticas colaborativas ou pesquisar colaborativamente? In: BORBA, M. C.; ARAÚJO, J. L. (Org). *Pesquisa qualitativa em educação matemática*. Belo Horizonte: Autêntica, 2004.

FIORENTINI, D.; NACARATO, A. M.; FERREIRA, A. C.; LOPES, C. S.; FREITAS, M. T. M.; MISKULIN, R. G. S. Formação de professores que ensinam matemática: um balanço de 25 anos da pesquisa brasileira. In: *Educação em Revista*, Faculdade de Educação da Universidade Federal de Minas Gerais, 2003. p. 137-160.

GRACIAS, T. A . S. *A reorganização do pensamento em um curso a distância sobre tendências em educação matemática*. 2003. 167 f. Tese (Doutorado em Educação Matemática) – Instituto de Geociências e Ciências Exatas, Universidade Estadual Paulista, Rio Claro, 2003.

MOREIRA, P. C.; DAVID, M. M. M. S. *A formação matemática do professor: licenciatura e prática docente escolar*. Belo Horizonte: Autêntica, 2005.

PAIS, L. C. *Didática da matemática: uma análise da influência francesa*. Belo Horizonte: Autêntica, 2001.

ROSA, M.; OREY, D. C. Vinho e queijo: etnomatemática e modelagem! In: *Boletim de Educação Matemática - BOLEMA*, ano 16, n. 20. Rio Claro: UNESP, 2003. p. 1-16.

SANTOS, S. C. Possibilidades de produção matemática em um ambiente virtual. In: ENCONTRO BAIANO DE EDUCAÇÃO MATEMÁTICA (EBEM), 9, 2005, Salvador. Anais... Salvador: Faculdades Jorge Amado, 2005.

SCANDIUZZI, P. P. *Educação indígena x educação escolar indígena: uma relação etnocida em uma pesquisa etnomatmática*. 2000. Tese (Doutorado em Educação) – Faculdade de Filosofia e Ciências, Universidade Estadual Paulista Júlio de Mesquita Filho, Marília, 2000.

ZULATTO, R. B. A. Um ambiente virtual para o estudo de geometria. In.: ENCONTRO BRASILEIRO DE ESTUDANTES DE PÓS-GRADUAÇÃO EM EDUCAÇÃO MATEMÁTICA (EBRAPEM), 9, São Paulo. Anais... São Paulo: Faculdade de Educação da USP, 2005.

Capítulo I

O projeto dinamarquês KOM[1] e suas relações com a formação de professores[2]

Mogens Niss

Roskilde University, Dinamarca

Quando se planeja e se analisa a formação matemática dos estudantes e a formação dos professores de Matemática, duas perguntas são fundamentais: (a) *O que significa dominar a Matemática?* (b) *O que significa ser um bom professor de Matemática?* Essas perguntas são tão cruciais e desafiadoras que frequentemente nos abstemos de lidar com elas. No entanto, tais questionamentos deveriam estar sempre em nossa mente a fim de guiar os modos como desenvolvemos a Educação Matemática em sentido amplo e a formação do professor em particular. O presente capítulo é uma tentativa de esboçar algumas possíveis respostas e extrair algumas de suas consequências.

Para que a nossa discussão tenha algum ponto de partida concreto, vamos começar considerando um exemplo (deliberadamente simples) de uma possível tarefa escolar no nível secundário. O propósito do exemplo é apenas ilustrativo.

---

1 N.T.: A sigla KOM é decorrente de *Kompetencer Og Matematiklæring*, no original em dinamarquês, o que significa *Competências e Aprendizagem em Matemática*.

2 Este capítulo é uma versão revisada de um artigo apresentado num simpósio internacional em Malmoa, Suécia, em maio de 2003 (cf. referência NISS, 2004).

Exemplo ilustrativo

Suponha que os alunos de uma classe estivessem planejando uma excursão e quisessem contratar uma empresa para esse fim. As pesquisas de preços os levaram a ter que decidir entre duas propostas diferentes, das companhias A e B, respectivamente. A Companhia A cobra uma taxa fixa de 150 reais para excursões limitadas a 100 km e um adicional de 3 reais por quilômetro acima desse limite. A companhia B cobra uma taxa fixa de 50 reais para excursões limitadas a 20 km e 2 reais por quilômetro adicional a esse limite. Qual companhia os alunos deveriam escolher?

Esse é um belo problema de Matemática Aplicada. Para responder à pergunta, é necessário que ele seja modelado matematicamente. Por exemplo:

1. Matematizando o problema

Denotando-se a distância programada para a excursão por x (km), o preço do serviço prestado pela companhia A será denotado por A(x). Segue-se que A(x) tem um valor constante de 150, se x não exceder 100 km, e de $150 + 3(x - 100)$ se $x > 100$. De maneira análoga, B(x) será o preço cobrado pela companhia B, onde $B(x) = 50$ para $x = 20$, e $50 + 2(x - 20)$ para $x > 20$. A solução do problema poderá ser obtida determinando os valores de x para os quais A(x) é menor que B(x) ou B(x) menor que A(x) e, a partir da fixação da distância que efetivamente será percorrida, optar pela solução mais econômica.

2. Especificando em termos matemáticos

Com base na natureza da situação, os possíveis valores de x devem satisfazer $x > 0$. As funções A e B são definidas da seguinte forma:

$$A(x) = \begin{cases} 150 \text{ se } 0 < x = 100 & \text{(x = 0 não é um valor relevante para o problema)} \\ 150 + 3(x - 100) = 3x - 150 & \text{se } 100 = x \end{cases}$$

e

$$B(x) = \begin{cases} 50 \text{ se } 0 < x = 20 & (x = 0 \text{ não é um valor relevante para o problema}) \\ 50 + 2\,(x - 20) = 2x + 10 & \text{se } 20 = x \end{cases}$$

Q1: Para quais valores de $x > 0$, $A(x) < B(x)$, $A(x) = B(x)$ e $A(x) > B(x)$, respectivamente ?

Q2: Baseado no conhecimento atual ou em estimativas realísticas de um valor relevante x_0 para x, quais das opções se traduziriam no menor valor?

3. Representando A e B pelos seus gráficos

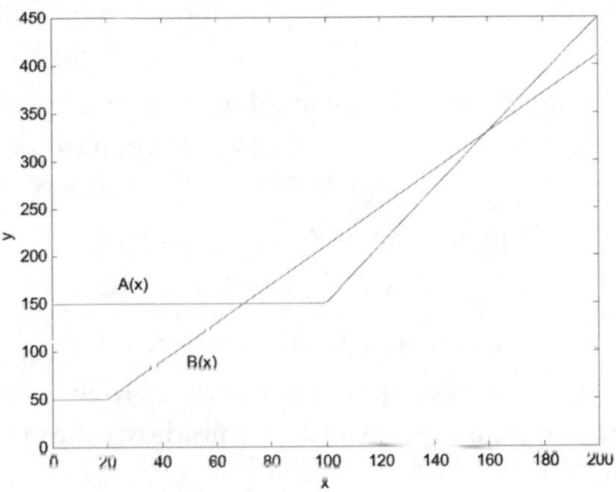

FIGURA 1: Gráficos das funções A e B

Pela leitura do gráfico, parece haver um valor *a* para x, abaixo do qual B(x) é menor que A(x), e outro valor, *b*, acima do qual B(x) novamente é menor que A(x). Entre *a* e *b*, A(x) é menor que B(x).

4. Respondendo a Q1

Vamos, agora, acrescentar alguns parâmetros técnicos à observação feita, para determinar os valores de a e b.

Para 0 = x = 20, temos B(x) = 50 < 150 = A(x)

É óbvio que *a* é o valor de x para o qual 2x + 10 = 150. Logo, a = 70. De maneira similar, *b* é o valor de x para o qual 2x + 10 = 3x – 150. Logo, b = 160.

Para 20 = x = 70, B(x) = 2x + 10 = 150 = A(x)

Para 70 = x = 100, A(x) = 150 = 2x + 10 = B(x)

Para 100 = x = 160, A(x) = 3x – 150 = 2x + 10 = B(x).

Finalmente, para x = 160, B(x) = 2x + 10 = 3x - 150 = A(x).

Isto substancia a afirmação qualitativa geral feita em 3.

5. Respondendo a Q2

Se a distância percorrida *x* da excursão estiver no intervalo 70 = x = 160 (km), então a companhia A será a opção mais barata; em todos os outros casos, a melhor escolha será a companhia B.

Se a viagem for de aproximadamente 70 km, mas não é certo se excederá ou não essa distância, a "penalidade" decorrente da escolha equivocada de A se x < 70 ou B se x > 70 será:

$$150 - 2x - 10 = 2(70 - x), \text{ se } x < 70$$
$$\text{e } 2x + 10 - 150 = 2(x - 70), \text{ se } x > 70$$

Isto é, em ambos os casos, a penalidade será $2 \mid x - 70 \mid$.

Em outras palavras, para valores de x próximos a 70, não importa muito qual a companhia escolhida, caso uma escolha errada seja feita.

Se a distância for próxima a 160 km, mas, novamente, não for certo se excederá ou não essa quilometragem, o custo da penalidade pela escolha errada será

$$\mid 3x - 150 - 2x - 10 \mid = \mid x - 160 \mid$$

portanto, pouco importará a companhia escolhida ou até mesmo uma escolha errada.

Como conclusão, se x é conhecido ou estimado a estar próximo do intervalo [70, 160], a melhor escolha é a companhia A; caso contrário, a companhia B.

Vamos analisar agora o que está envolvido no processo descrito acima. Para completar essa tarefa com sucesso, é necessário:

- Estar apto a modelar matematicamente uma situação pseudoprática como meio de *fazer perguntas* e *resolver problemas* pertinentes àquela situação.
- Possuir um senso para *os tipos de perguntas* que fazemos em Matemática e para os *tipos de respostas* que podemos esperar, elementos, aliás, fundamentais do *pensamento matemático*.
- Estar apto a propor, especificar e resolver *problemas matemáticos*.
- Formular e *justificar* proposições, soluções e conclusões, isto é, *raciocinar matematicamente*.
- Fazer uso de *representações matemáticas* diferentes e transitar de maneira significativa entre elas. Nesse caso, encontram-se representações verbais, gráficas e simbólicas.
- Estar apto a lidar com o *simbolismo* e o *formalismo matemático*.
- Estar apto a *comunicar* assuntos matemáticos.
- Fazer uso de *ferramentas e assistentes* matemáticos.

Esses são exatamente os componentes principais do projeto dinamarquês KOM, que descreveremos na próxima seção.

O projeto dinamarquês KOM (KOM: Competências e Aprendizagem de Matemática)

O chamado projeto dinamarquês KOM 2000-2002 nasceu sob um conjunto de orientações concisas, porém complexas, do Ministério da Educação da Dinamarca e do então Conselho Nacional para Ciências e Educação Matemática. A missão principal do projeto (dirigido pelo autor deste capítulo) era, partindo da estaca zero, atacar os problemas e as questões mais relevantes da educação matemática dinamarquesa em todos os níveis e tentar elaborar uma abordagem unificada visando lidar com esses problemas e questões, de maneira a incluir todos as áreas e os níveis educacionais. No comitê de projeto, decidimos começar partindo da seguinte pergunta: "O que significa dominar a Matemática?". Por uma série de razões, imediatamente decidimos adotar uma *abordagem baseada na competência*. Essa decisão exigiu que algumas definições fossem estabelecidas, uma vez que nem o termo *competency*[3], nem o termo *competence* estão bem-definidos no que diz respeito à Educação Matemática.

Definição:

Possuir *competence* matemática significa conhecer, compreender, fazer, usar e possuir uma opinião bem-fundamentada sobre a Matemática em uma variedade de situações e de contextos onde ela tem ou pode vir a ter um papel.

Uma *competency* matemática é uma componente principal da *competence* matemática.

Em outras palavras, o termo "competence" é utilizado (neste capítulo) para se referir ao domínio global da Matemática (em algum nível), incluindo o domínio da Matemática utilizada em contextos extramatemáticos. Já o termo "competency" é utilizado para indicar um dos componentes importantes da chamada "competence". A seguinte analogia pode ser esclarecedora:

Se concordarmos em falar sobre *competence* linguística (com respeito a um determinado idioma) quando se discute o domínio de um idioma, então cada uma das ações: ouvir; falar; ler e escrever nesse idioma é uma *competency* que vai ajudar a compor a chamada *competence* linguística. O que procuramos no projeto KOM foi identificar as componentes significativas (*competency(ies)* da *competence* matemática análogas às (quatro) *competency(ies)* que constituem o letramento. Essa analogia pode ser levada adiante: as habilidades ouvir, falar, ler e escrever são exatamente as mesmas para o domínio linguístico do Português,

---

[3] N.T.: Como não há distinção sintática no Português para as traduções das palavras *competence* e *competency* (no plural, *competencies*), foram mantidas, nesta seção, as respectivas expressões em Inglês. Sob o ponto de vista semântico, as distinções – que o próprio autor se encarregará de esclarecer a seguir – podem ser naturalmente transportadas ao Português.

quer seja na escola fundamental, quer seja na pós-graduação em Linguística. Contudo, a linguagem e os textos que são tratados em cada um desses níveis são obviamente muito diferentes. Quando se trata de *competency(ies)* matemáticas, elas, analogamente, devem ser as mesmas, tanto no nível fundamental quanto no nível de uma pós-graduação, embora operem, como é óbvio, sobre materiais substancialmente distintos.

Competências[4] matemáticas

No projeto KOM identificamos oito competências que podem ser listadas em dois grupos de quatro:

1º Grupo – Habilidade para perguntar e responder perguntas em Matemática e com a Matemática

Competência de **pensamento matemático** – dominar modos matemáticos de pensamento:

- entender e lidar com as origens, os escopos e as limitações de determinados *conceitos*;
- *abstrair* conceitos e *generalizar* resultados;
- distinguir os vários *tipos de proposições matemáticas*, como definições, teoremas, conjecturas e proposições concernentes a objetos únicos e casos particulares;
- ter consciência dos *tipos de perguntas* típicas da Matemática e *insights* sobre os *tipos de respostas* esperadas;
- possuir habilidade de *propor* tais perguntas.

Competência no **tratamento de problemas** – formular e resolver problemas matemáticos:

- descobrir, formular, delimitar e especificar problemas matemáticos – puros ou aplicados, abertos ou fechados;
- possuir habilidade de *resolver problemas* propostos por si próprio ou por outros e de modos diferentes, se assim o desejar.

[4] N.T.: Considerando que a partir desta seção o autor não utilizará mais o termo *competence*, passarei a adotar apenas a expressão *competência*, sempre no sentido já referido de *competency*.

Competência de **modelagem** – ser capaz de analisar e construir modelos matemáticos concernentes a outras áreas:

- *analisar* os fundamentos e as propriedades dos modelos existentes e avaliar sua abrangência e validade;
- *executar modelagem ativa* em determinados contextos, isto é, estruturar e matematizar situações, manejar o modelo resultante, tirar conclusões matemáticas, validar o modelo, analisá-lo criticamente, comunicar fatos sobre ele e controlar todo o processo.

Competência de **raciocínio** – estar apto a raciocinar matematicamente:

- *acompanhar* e *avaliar* o raciocínio matemático de outrem;
- *entender* o que é uma *demonstração* (e o que não é) e como ela difere de outros modos de raciocínio;
- entender a lógica que subjaz a um *contraexemplo;*
- descobrir as *ideias principais em uma demonstração;*
- *planejar* e *colocar em prática argumentos* informais e formais, incluindo a transformação de um raciocínio heurístico em uma demonstração válida.

2º Grupo – Habilidade para lidar com a linguagem matemática e seus instrumentos

Competência de **representação** – poder manejar diferentes representações de entidades matemáticas:

- *compreender* (decodificar, interpretar, distinguir) e utilizar *vários tipos de representação* de entidades matemáticas;
- *entender as relações* entre representações diferentes da mesma entidade;
- *escolher*, *fazer uso de* e alternar representações diferentes.

Competência em **simbologia e formalismo** – estar apto a manejar a linguagem simbólica e os sistemas matemáticos formais:

- *decodificar* a linguagem simbólica e formal;

- *traduzir* bilateralmente a linguagem simbólica e a linguagem natural;
- *manejar e utilizar* proposições simbólicas e *expressões*, inclusive fórmulas;
- compreender a *natureza dos sistemas matemáticos formais.*

Competência de **comunicação** – estar apto a se comunicar em, com e sobre a Matemática:

- *compreender*, examinar e interpretar tipos diferentes de expressões matemáticas ou textos escritos, orais ou visuais;
- *expressar* com precisão ou de modos diferentes e em níveis diferentes assuntos matemáticos para vários níveis de audiências.

Competência em **instrumentos e acessórios** – estar apto a fazer uso e estabelecer relações com instrumentos e acessórios em Matemática:

- ter conhecimento da *existência* e das *propriedades* de diferentes instrumentos e de acessórios relevantes para a atividade matemática (por exemplo, réguas, bússolas, transferidores, tabelas, *centicubes*[5], ábacos, calculadoras, computadores e internet);
- ter *insights* sobre as *possibilidades* e as *limitações* de tais instrumentos;
- *usar* instrumentos e acessórios de maneira refletida.

Supõe-se que essas competências caracterizem uma sistematização dos elementos encontrados no exemplo inicial.

As competências estão *intimamente relacionadas entre si,* embora sejam *distintas.* Pode-se pensar em caracterizar cada competência como uma região vagamente delineada e de densidade crescente na direção de um centro de gravidade. As diferentes regiões se sobrepõem, mas, como cada uma tem seu próprio centro de gravidade, elas são claramente discerníveis uma

[5] N.T.: Pequenos cubos que podem ser encaixados uns nos outros.

da outra. Além disso, se focalizarmos uma competência, as outras podem ser chamadas a atuar como auxiliares para se atingir os objetivos de uma questão. Por exemplo, suponha que tenhamos a competência do *tratamento de problemas* em mente. Está claro que, digamos, a competência de *representação* e, talvez, a competência em *simbolismo e formalismo*, a competência de *raciocínio* e, talvez, a competência em *instrumentos e acessórios* estarão auxiliando na especificação e na solução de um dado problema.

Todas as competências têm *natureza dual, isto é, cada uma delas tem duas facetas*: uma enfatiza a habilidade de um indivíduo para entender, acompanhar, relacionar, analisar e julgar o trabalho de outros sobre atividades abarcadas por aquela competência, outra enfatiza a própria busca independente do indivíduo em relação a essas atividades.

Finalmente, as competências são *específicas à Matemática*, até mesmo quando seus rótulos fazem sentido em outros campos ou em outros assuntos. E – o mais importante – elas abarcam todos os níveis educacionais: da escola primária à universidade. E percorrem todos os tópicos: da aritmética à topologia.

Visão geral e juízo relativos à Matemática como uma disciplina

As competências matemáticas entram em jogo lidando com *situações* e contextos nos quais uma tarefa ou um desafio relacionado à Matemática está direta ou indiretamente presente. No projeto KOM, além disso, queríamos insistir que a Educação Matemática também servisse para estabelecer uma imagem consistente e bem equilibrada entre os estudantes da Matemática como uma disciplina. Identificamos, então, três visões gerais e juízos concernentes à Matemática, que entendemos como pedras angulares de tal imagem:

Juízos e visão geral

- As **aplicações reais** da Matemática em outras disciplinas ou campos da prática. Aqui enfatizamos que, de fato, a Matemática é aplicada a outras disciplinas e campos da prática científica ou social, fato que deveria ser refletido na Educação Matemática.

- O **desenvolvimento histórico** da Matemática sob o ponto de vista tanto interno quanto social. Aqui enfatizamos que a Matemática foi e está sendo desenvolvida no tempo e no espaço, na sociedade e na cultura, por seres humanos trabalhando em diferentes tipos de cenários, papéis e objetivos. Novamente, esse fato deveria ser refletido na Educação Matemática.
- A **natureza da Matemática** como uma disciplina. Aqui enfatizamos que a Matemática tem características importantes em comum com outros campos científicos e características igualmente importantes que a distinguem destes. Isso deveria não somente ser refletido, mas também *repercutido* na Educação Matemática.

Em resumo, o foco aqui está não nas situações matemáticas, mas em aspectos importantes de Matemática como uma totalidade.

Como tudo isso poderia ser empregado e utilizado em Educação Matemática? Bem, basicamente de três modos diferentes.

Primeiro, de um modo **normativo**, quando decidirmos metas e propósitos do ensino e da aprendizagem, do desenho de currículos, do estabelecimento de prioridades, da produção de materiais pedagógicos, etc. e quando monitoramos a coerência e o avanço na Educação Matemática.

Segundo, de um modo **descritivo**, quando quisermos saber e compreender o que de fato acontece (ou não acontece) na Educação Matemática. Usando as competências e as três formas de visão geral e de juízo como lentes através das quais a realidade do ensino e a aprendizagem matemática pode ser descrita e analisada, elas também nos permitem comparar, por exemplo, ensino, currículos e instituições, além de nos ajudar a identificar as causas de problemas que ocorrem na transição de um segmento do sistema educacional para outro.

Finalmente, pode servir como um **apoio metacognitivo** para professores e estudantes, quando estes se debatem com perguntas relativas às direções atuais que o ensino ou a aprendizagem estão tomando, as ênfases adotadas, os problemas que têm ocorrido, etc.

Implicações para a formação de professores de Matemática

Estamos agora preparados para lidar com a nossa segunda pergunta norteadora "O que significa ser um bom professor de Matemática?"

Não chega a ser uma grande surpresa que no projeto KOM uma primeira resposta a essa questão fosse:

> *Um bom professor de Matemática é aquele que efetivamente estimula o desenvolvimento de competências matemáticas em seus estudantes.*

O que isso significa e implica em termos mais específicos?

É desnecessário dizer que, se um professor de Matemática estimula em seus alunos o desenvolvimento das competências matemáticas apresentadas acima, esse professor deve possuir tais competências. O mesmo vale para as três formas de visão geral e de juízos. Essas posições podem ser ligeiramente mais controversas, particularmente em sistemas educacionais que privilegiam a formação generalista do professor, enfatizando a Educação Geral e a Pedagogia Geral, enquanto questões importantes relativas ao(s) conteúdo(s) do ensino são consideradas de importância secundária (voltarei a este assunto, até onde diz respeito à Dinamarca, no final deste capítulo).

Apesar de tudo, a maioria dos educadores *matemáticos* tende a concordar que, se os professores ensinam o que sabem, os professores de matemática devem saber e estar aptos a fazer aquilo que devem ensinar. Assim, em muitos lugares, os programas de formação de professores são construídos combinando-se, de um lado, elementos de Educação Geral e Pedagogia, e de outro, conhecimento do conteúdo. Em outros, tem-se optado por integrar esses componentes de maneira que a abordagem resulte em um ensino específico, didaticamente ajustado, de Matemática para futuros professores, no sentido de ser tratado como um *tópico educacional*, e não uma disciplina científica independente.

No projeto KOM tomamos outra rota. O projeto propõe três componentes principais para a formação (e o desenvolvimento profissional) de um professor de Matemática: uma formação matemática baseada na abordagem por competências como esboçado acima. Um componente de formação geral e de pedagogia e – esta provavelmente a parte mais moderna neste contexto – *competências pedagógicas e didáticas com atenção específica para a Matemática*. Focalizando este último componente, identificamos seis competências didáticas e pedagógicas, como segue:

Competência em **currículos**

Inclui as habilidades para entender, analisar, avaliar, relacionar e implementar currículos e planos de ensino em Matemática. Também é necessária ou desejável a habilidade para construir novos currículos e planos de ensino.

Competência **pedagógica**

Inclui as habilidades de propor, planejar, organizar, orquestrar e realizar o ensino de Matemática, além da habilidade de criar um amplo espectro de situações de ensino / aprendizagem; descobrir, avaliar, selecionar e criar materiais pedagógicos; inspirar e motivar os alunos; discutir os currículos e justificar as atividades de ensino / aprendizagem com os estudantes.

Competência na **detecção de aprendizagem**

Inclui as habilidades de descobrir, interpretar e analisar a aprendizagem dos alunos em Matemática, bem como suas noções, convicções e atitudes para com a disciplina. Inclui, além disso, identificar o desenvolvimento e os progressos de cada um.

Competência em **avaliação**

Inclui as habilidades para identificar, avaliar, caracterizar e comunicar os resultados da aprendizagem e as competências dos estudantes, bem como informar e ajudar cada um deles individualmente em outros contextos relevantes. Isso inclui conhecer, selecionar, modificar, construir, analisar criticamente e implementar um variado conjunto de formas de avaliação e de instrumentos que sirvam a diferentes propósitos formativos e somativos. Tudo isso supõe lidar com categorias diferentes de estudantes, em diferentes cenários, em situações diferentes e em níveis diferentes, mas prestando atenção às necessidades e oportunidades de cada aluno.

A seguir vêm duas competências que focalizam a posição do professor de Matemática no ambiente profissional institucional.

Competência de **colaboração**

Inclui a habilidade de colaborar com os colegas, dentro e fora da Matemática, e com outros participantes do processo educacional (pais, superiores, autoridades, empregadores) em assuntos relativos ao ensino da Matemática, suas condições limitantes e suas circunstâncias.

Competência de **desenvolvimento profissional**

Inclui a habilidade de desenvolver a própria competência como professor de Matemática (portanto, é uma metacompetência), participando de atividades de desenvolvimento profissional, tais como cursos em serviço, pesquisa e desenvolvimento de projetos e conferências; refletir sobre seu próprio ensino e necessidades de desenvolvimento; manter-se atualizado sobre novos desenvolvimentos e tendências na pesquisa e na prática.

A formação de professores de Matemática na Dinamarca

Na Dinamarca, essa abordagem tem gerado enormes desafios intelectuais, estruturais, culturais e políticos para os nossos sistemas de formação pré e em serviço de professores de Matemática em todos os níveis. De fato, implementar essa proposta de maneira séria requer reformas profundas em nossos sistemas. As razões para isso são as seguintes:

Os professores de Matemática na Dinamarca são formados em dois sistemas e tipos de instituições completamente diferentes. As diferenças são tão grandes que, por si sós, geram tensões e inconsistências na Educação Matemática dinamarquesa.

Professores do nível fundamental (séries 1-6) e médio inicial (séries 7-9 ou, às vezes, 7-10) são formados em instituições especiais chamadas de faculdades de treinamento de professores, que não estão envolvidas em pesquisa nem ligadas às universidades. O treinamento pré-serviço do professor nessas instituições dura três anos e meio, embora muitos estudantes concluam seus cursos em quatro anos. Os programas de formação têm fortes elementos de Didática Geral, Psicologia, Pedagogia, Língua Materna e mais um pequeno curso de Matemática, especificamente orientado para o sistema dinamarquês de escolas públicas. Além dessas componentes gerais, comuns a todos os estudantes, cada um deles tem que se especializar em quatro disciplinas, uma das quais pode ser a Matemática. No entanto, a maioria absoluta dos alunos dessas faculdades é oriunda das áreas de Línguas e Humanidades do sistema de ensino de nível médio (escola secundária). Dessa maneira, a formação matemática da maioria dos estudantes é bastante incipiente.

Há, pelo menos, duas implicações que decorrem dessa situação. Em primeiro lugar, relativamente poucos alunos optam por se especializar em Matemática nas faculdades de treinamento de professores, e aqueles que o fazem, geralmente precisam se engajar em um considerável aperfeiçoamento em Matemática como parte de seus estudos. Em segundo, como somente poucos graduados têm a Matemática como foco, muitas escolas vivenciam uma série de problemas para ter suas aulas ministradas pelos que podemos chamar de "professores de Matemática". Consequentemente, muita matemática ensinada nos níveis fundamental e médio é, na realidade, ensinada por professores sem uma formação especializada na disciplina; são professores generalistas até onde concerne à Matemática. Embora não se possa dizer que os ensinos fundamental e médio de Matemática na Dinamarca estejam em má forma (por exemplo, no exame PISA, alunos dinamarqueses de 15 anos se posicionaram no segmento inferior da faixa superior de resultados desse exame, significativamente acima da média internacional). Também não se pode dizer que o ensino esteja satisfatório quando se tem o ensino compulsório de Matemática ministrado por professores com somente o mínimo de formação em Matemática e em sua didática.

É interessante notar que o projeto KOM tem sido recebido extremamente bem nos círculos de Educação Matemática nas faculdades de treinamento de professores. Assim, o desafio para implementar essas ideias na formação de professores de nível fundamental e da primeira fase do ensino médio não é convencer aqueles envolvidos com a Educação Matemática nas faculdades, mas mudar o sistema inteiro de formação de professores para esses níveis escolares, chegando, talvez, até mesmo ao nível institucional. No entanto, isto é politicamente muito difícil na Dinamarca. Apesar disso, debates públicos sobre esses assuntos estão ganhando impulso, e os partidos políticos estão começando a dar ao sistema de formação de professores uma prioridade maior em suas agendas.

Quando se fala na formação de professores de Matemática para a segunda fase do ensino médio dinamarquês (escola secundária), séries 10-12, a situação é completamente diferente. A propósito, as escolas secundárias são diferentes do nível fundamental e da primeira fase do nível médio não somente no que diz respeito às condições educacionais, mas também, sob os pontos de vista físico e organizacional; tipos diferentes de instituições. Professores de Matemática para a segunda fase das escolas secundárias são formados em universidades, nas quais têm que obter, pelo menos, um mestrado (5 a 7 anos de estudo) em Matemática e em uma outra área. Não há nenhuma preparação especial para os professores que frequentam as universidades, de maneira que futuros professores de Matemática estudam lado a lado com outros alunos de Matemática e tem poucas possibilidades de se especializar em Educação Matemática. Muitos alunos de mestrado em Matemática nem mesmo "sabem" se irão ser professores da escola secundária ou se estarão em áreas completamente diferentes durante seus estudos e ao final deles.

Para se tornar um professor de escola secundária, um graduado tem antes que obter a chamada posição de estagiário. Isso significa que, durante um ou dois anos, eles terão que completar um programa de preparação prática, o chamado "pedagogicum", por meio do qual acompanham um professor efetivo e ministram as aulas desse professor de vez em quando. O processo é completado com uma avaliação à qual o candidato tem que se submeter para obter sua licença para ensinar. Além disso, o candidato tem que concluir com sucesso um curso teórico bastante limitado em Pedagogia Geral e em Didática da Matemática (e em didática de suas outras disciplinas escolhidas). Se o candidato passa no curso prático e no teórico (a grande maioria passa), ele é autorizado a lecionar suas disciplinas em qualquer escola secundária.

Em princípio, os professores de Matemática devem frequentar cursos, de vez em quando, para atualizar seus conhecimentos sobre novos desenvolvimentos no ensino e na aprendizagem de Matemática. Mas como, por razões político-econômicas, as verbas para esses cursos têm se mantido extremamente escassas nos últimos anos, essa é uma oportunidade mais simbólica e virtual do que real. Assim, relativamente poucos professores de Matemática participam de cursos em serviço. Até duas décadas atrás, a situação era completamente diferente. Naquela época, cursos em serviço eram instrumentos fundamentais de mudança e desenvolvimento, o que assegurava que os próprios professores dominavam os processos de reforma. Hoje, tais processos são conduzidos muito mais de cima para baixo, fato que tem levado a um engajamento muito menos ativo e compromissado da comunidade docente.

Há indicativos nos debates que elementos da formação de professores nas linhas propostas pelo projeto KOM podem ser implementados nos próximos anos. A extensão e a profundidade desse processo dependerão fortemente das condições político-econômicas, a maioria das quais bastante controversas. Contudo, felizmente, não nos defrontamos com um "problema 0 ou 1", que nos deixaria com a opção entre "não fazer nada" e fazer uma "reforma profunda e total". As ideias e intenções aqui esboçadas podem ser implementas dentro de um contínuo de possibilidades, variando desde iniciativas locais em serviço e em base experimental com um grupo de professores de uma única instituição, até mudanças profundas e em larga escala de todo o sistema.

Referências

NISS, M. Kompetencer og uddannelsesbeskrivelse. In: *Uddannelse*, n. 9, 1999, p. 21-29.

NISS, M. Mathematical competencies and the learning of mathematics: the danish KOM project. In: GAGATSIS, A.; PAPASTAVRIDIS, S. (Eds.): MEDITERRANEAN CONFERENCE ON MATHEMATICAL EDUCATION, 3, Athens. Athens: Hellenic Mathematical Society, 3-5 January 2003. p. 115-124.

NISS, M. Quantitative Literacy and Mathematical Competencies. In: MADISON, B. L.; STEEN, L. A. (Eds.). *Quantitative literacy – why numeracy matters for schools and colleges*. Princeton, NJ: National Council on Education and the Disciplines, 2003. p. 215-220.

NISS, M. The Danish "KOM" project and possible consequences for teacher education. In: R.STRÄSSER, G. BRANDELL, B. GREVHOLM.; O. HELENIUS (Eds.): *Educating for the Future: Proceedings of an International Symposium on Mathematics Teacher Education*. Gothenberg: The Royal Swedish Academy of Sciences and NCM, 2004. p. 179-195.

NISS, Mogens; JENSEN, Tomas H. (Eds.) *Kompetencer og matematiklæring – Idéer og inspiration til udvikling af matematikundervisning i Danmark* [Competencies and the learning of mathematics – Ideas and inspiration for the development of mathematics education in Denmark]. Uddannelsesstyrelsens temahæfteserie n. 18. Copenhagen: Undervisningsministeriets forlag.i Danmark. 2002.

Capítulo II

A formação do professor de matemática na África do Sul pós-apartheid[1]: um foco na matemática do ensino em diferentes contextos[2]

Jill Adler

Neste capítulo faço uma reflexão sobre aspectos da formação do professor de Matemática na África do Sul, focalizando a "Matemática do ensino". Estou interessada, assim como outros pesquisadores da área, no que os professores de Matemática precisam saber e no que precisam fazer para ensinar Matemática de maneira satisfatória. Tenho também curiosidade em saber se, e como, essa Matemática torna-se diferenciada em função dos vários contextos de ensino.

O pressuposto teórico subjacente a essa agenda de pesquisa é que o trabalho matemático é situado. Tal pressuposto é motivado por estudos empíricos sobre a Matemática trabalhada em contextos permeados por alguma especificidade, no sentido de como essa Matemática é harmonizada às demandas emergentes das diversas práticas culturais nesses contextos (Noss, 2002; Noss; Hoyles; Pozzi, 2001). De modo análogo, é possível argumentar que também existem especificidades nas demandas matemáticas do ensino. A diferença imediata é que

[1] N.T.: O *apartheid* foi o regime de segregação racial que vigorou na África do Sul até 1993.

[2] Este artigo é uma versão modificada do trabalho apresentado à Conferência sobre Formação do Professor de Matemática, realizada em Malmoa, Suécia. Veja Adler, 2004.

os professores tentam ensinar *Matemática*. Isso faz com que as exigências matemáticas de seu trabalho sejam distintas daquelas que se apresentam, por exemplo, no trabalho dos enfermeiros, que também utilizam a Matemática em alguns de seus procedimentos. Nesse caso, o objetivo é auxiliar outras pessoas na recuperação da saúde; não há, portanto, nada de matemático nas intenções desses agentes nem nos resultados esperados para os pacientes. À parte essa diferença, tem havido um crescente apoio à noção de que existem especificidades na maneira como os professores organizam e utilizam a Matemática no propósito de ensiná-la, e esse modo difere daqueles como os matemáticos a organizam e a utilizam (Ball; Bass, 2000). Como tal noção é baseada na prática, mais pesquisas que focalizem o ensino de Matemática se fazem necessárias, pois, de outro modo, esse ensino continuará sendo caracterizado de maneira frágil e será pouco compreendido. Isso tem implicações importantes para a formação do professor, uma vez que gera questões sobre a formação *matemática* desse professor, no sentido de saber se tal formação se autoajusta aos modos de conhecer e de utilizar a Matemática que serão demandados em seu ensino.

A noção de Matemática trabalhada no ensino como atividade situada tem raízes práticas e locais em meu trabalho, desenvolvido ao longo de muitos anos e em diversas salas de aulas na África do Sul. Existe uma série de demandas sobre os professores e sobre o ensino nos diferentes contextos, particularmente naqueles caracterizados por desigualdades profundas e – como tem se tornado cada vez mais comum em diversos deles – por uma variedade de línguas maternas. Em outro trabalho (Adler, 2001), argumento que existem dilemas associados ao contexto no ensino em salas de aulas multilíngues; este estudo mostra que todo o ensino é repleto de dilemas. Todavia, os professores de Matemática sul-africanos administram dilemas específicos associados à língua, que emergem, simultaneamente, em função de suas biografias e de seus variados contextos de trabalho. De todo modo, o que a pesquisa não trouxe explicitamente à tona foi o trabalho *matemático* que os professores desenvolvem no processo de administração de tais dilemas.

Neste capítulo, uma análise secundária dos dados coletados poderá revelar se e como a Matemática ensinada nesses contextos constitui, de fato, um campo fecundo para a pesquisa.

Questões de acesso e equidade em Educação são globais e locais. Tem se tornado cada vez mais frequente que países de todo o mundo tratem dessas questões, quer sob o aspecto econômico ou eletrônico, quer ainda sob o ponto de vista local ou global. Além disso, em muitos contextos desenvolvidos, a educação urbana se define em função das desigualdades econômicas e linguísticas. Assim, uma das implicações metodológicas da noção situada da Matemática trabalhada no ensino é que esse campo crucial precisa ser informado pela pesquisa desenvolvida nas diversas escolas e nos diversos contextos. Posto de maneira simples, os *loci* empíricos, cenários utilizados para a compreensão da Matemática trabalhada no ensino – são fundamentais.

Neste capítulo, descreverei as circunstâncias (baseadas em pesquisas e na prática) que contribuíram para conduzir minha investigação a este ponto. Começarei com uma descrição das condições do ensino de Matemática e da formação do professor na África do Sul, na medida em que tais descrições induzem às seguintes questões: é óbvio o que os professores precisam saber e o que precisam estar aptos a fazer, *matematicamente*, para ensinar sob tais condições? Esse conhecimento da prática e para a prática do ensino já está completamente descrito e compreendido? Em seguida, olharei para pesquisas já concluídas, na medida em que fornecem alguns dos argumentos para a agenda *conhecimento-para-o-ensino* e olharei também para a base sobre a qual tal investigação pode ser construída. Mais à frente, eu analisarei os dados de maneira mais focalizada no trabalho matemático que os professores produzem.

As condições reais do ensino de Matemática na África do Sul

Três perguntas enquadram a discussão sobre as condições, em termos práticos, do ensino de Matemática na África do

Sul. *Quem* são e quem serão os professores de Matemática nesse país? Para os propósitos deste capítulo e para uma investigação mais objetiva, essas perguntas focalizam um professor da fase sênior (7ª a 9ª séries). *Qual* é a Matemática do currículo dessa fase? Ou, em outras palavras, o que é exigido que os professores ensinem? *Onde* os professores irão ensinar?

- **Quem são/serão os professores de Matemática na África do Sul?**

Atualmente, poucos graduados em Matemática na África do Sul optam por iniciar suas carreiras no ensino. O número de Certificados de Pós-graduação em Educação (PGCE – Post Graduate Certificate in Education) – rota habitual para a qualificação de professores para o nível secundário – diminuiu dramaticamente nos últimos dez anos. A escassez de professores secundários de Matemática bem qualificados atingiu níveis críticos. Alguns podem "culpar" a confusão na educação pós-apartheid e a desmoralização da profissão por esse quadro. Todavia, esse fenômeno não é raro na África do Sul.

Uma nova formação em Educação conduzindo ao grau de bacharel está ocorrendo atualmente no país e, em minha própria instituição, o influxo de alunos que buscam esse novo título tem sido relativamente alto. Ao concluir seu curso, os estudantes estarão qualificados para ensinar Matemática no nível secundário. A questão que estamos enfrentando na conceitualização e no ensino desse programa é que os estudantes, em geral, não tiveram um bom desempenho em seus estudos pré-universitários de Matemática; caso fosse o contrário, o mais provável é que tivessem optado pela Faculdade de Ciências. Por conseguinte, para eles se formarem com fortes identidades matemáticas, estas precisariam ter sido geradas e cultivadas ao longo de seus cursos de graduação.

Ao mesmo tempo, a maioria dos professores secundários negros, treinados sob o regime de apartheid, só teve acesso a um curso de três anos nas faculdades de Educação. Está fora do escopo deste capítulo explicitar o quão pobres em termos de qualidade eram esses cursos[3]. Consequentemente, muitos dos professores secundários de Matemática atualmente em serviço não tiveram oportunidades adequadas para se aperfeiçoar na disciplina. Assim, a formação de professores de Matemática enfrenta, também, o desafio de produzir programas de intervenção em que os professores em serviço possam desenvolver seus conhecimentos e suas identidades matemáticas. Que Matemática deveria estar presente em tais programas? Onde e como esses programas deveriam ser ensinados?

O ponto crítico aqui é que, nos programas de formação de professores, em ambas as modalidades – pré e em serviço –, disposição e conhecimento profissional matemático precisam ser gerados e, mais do que isso, gerados numa configuração que permita aos professores projetar sólidas identidades matemáticas em suas aulas. Esse é um desafio considerável, e, ao contrário das suposições que subjazem os programas de formação, esses futuros professores secundários já têm uma predisposição à Matemática e uma considerável competência na área, que precisam agora ser sintonizadas às necessidades do ensino.

- **Que Matemática é estabelecida para o ensino na Fase Sênior?**

Em outro trabalho, inspirado em Hargreaves (2001) e Elliott (2001), descrevi os paradoxos encontrados no ensino e na formação dos professores em geral (Adler, 2002). Espera-se que os professores satisfaçam simultaneamente múltiplas e concorrentes necessidades, visando excelência e equidade, redução de problemas sociais, obtenção de boas performances em avaliações competitivas, etc. A lista vai longe. Graven (2002) traz alguns desses paradoxos para ilustrar a questão da Matemática. Em uma análise detalhada das novas Normas e Padrões para a Formação de Professores (Norms and Standards for Teacher Education) na África do Sul e do Currículo Nacional Revisado

---

[3] Para uma análise detalhada sobre a formação de professores na África do Sul pré, pós e durante o *apartheid*, veja Welsch (2002).

para a Matemática (Revised National Curriculum Statement for Mathematics), Graven mostra os múltiplos e concorrentes papéis e identidades, implícitos nesses documentos, que são atribuídos ao ensino de Matemática no país. Espera-se que os professores de Matemática da fase sênior conduzam os estudantes ao pensamento matemático (uma abordagem investigativa e baseada em resolução de problemas é defendida em boa parte dos documentos). Ao mesmo tempo, os professores devem apreciar a Matemática como ela é e como pode ser usada na resolução de problemas da vida real (ou seja, uma orientação às aplicações é simultaneamente defendida). Além disso, dada a história da África do Sul, há, no presente momento, uma demanda explícita para que a Educação, de maneira geral, lide com questões de democracia e de direitos humanos e, assim, permeando o currículo de Matemática, está a expectativa de que os professores induzam os estudantes a uma abordagem crítica aos usos e abusos da própria Matemática e à promoção das aptidões necessárias ao exercício da cidadania crítica e participava. E mais: tudo isso sustentado em níveis uniformes de fluência procedimental e computacional. Isso é o que podemos descrever como uma vasta gama de práticas matemáticas; e elas estão imersas em tópicos novos e antigos do currículo (por exemplo, tratamento de dados, estatística, probabilidade e geometria das transformações são tópicos novos do currículo). Nenhum desses tópicos, nem tampouco um foco explícito sobre práticas matemáticas, são típicos dos cursos de *Matemática* em programas de formação e de desenvolvimento do professor.

- **Onde os professores de Matemática estão ensinando?**

Muito tem sido escrito sobre a desigualdade produzida na Educação pela educação do regime de apartheid. Quero focalizar aqui uma questão específica, que não tem sido bem compreendida: aquela que, em outro trabalho, chamamos de *Base na Língua Inglesa* em uma escola (Adler, 2001; Setati, Adler, Reed, Bapoo, 2002). A política da língua-na-educação advoga a incorporação do multilinguismo ao processo educacional. Apesar disso, o Inglês permanece como o idioma do poder, portanto como a Língua Preferencial do Ensino e da Aprendizagem (LPEA) (Adler, 2001; Setati, 2002). Escolas urbanas e rurais na África do Sul diferem substancialmente no que tange a como o Inglês é utilizado dentro e fora da escola. Em muitas áreas rurais prevalece a pobreza. Há poucos recursos, inclusive no que se refere à disponibilidade de textos escritos. Além disso, o idioma dominante em cada região é aquele praticado fora da escola. Em todas as escolas, professores e estudantes aspiram à fluência no Inglês e, assim, a Matemática é ensinada em Inglês e por meio do Inglês. As exigências sobre os professores em áreas rurais são enormes, uma vez que trabalham em ambientes que poderiam ser descritos como *ambientes de aprendizagem em idioma estrangeiro* (Setati *et al.*, 2002).

Qual é a Matemática desenvolvida no ensino em tais contextos? Quais são as demandas linguísticas e matemáticas no ensino, quando a LPEA é, simultaneamente, um objeto de estudo? O que os professores de Matemática precisam saber e precisam estar aptos a fazer para ensinar *matematicamente* o currículo nessas condições? Saberíamos responder efetivamente a essas perguntas? O que aprendemos de pesquisas anteriores?

O que aprendemos de pesquisas anteriores?

- **Algumas pesquisas em formação e sobre a formação do professor de Matemática**

No capítulo final de um relatório de pesquisa sobre a receptividade dos professores às atividades de um programa oficial de formação em serviço, Adler, Slonimsky e Reed (2002) postulam que uma tarefa essencial para a pesquisa e para o desenvolvimento de professores na África do Sul é compreender melhor o que chamamos de "conhecimento-conceitual-para-o-ensino". Chegamos a essa conclusão por meio de um estudo aprofundado sobre os professores de Matemática, de Ciências e de Língua Inglesa que participaram de um programa oficial de desenvolvimento em serviço. Tanto no programa quanto na pesquisa, o que permaneceu elusivo, ainda que central a todas as explicações para a receptividade às atividades propostas – seja quanto ao uso de recursos, mediação, seja quanto à reflexão sobre a prática –, foram os modos como os professores se debateram para elaborar os *objetivos da disciplina*. Discutimos que uma justificativa típica e simplista para essa questão (por exemplo, Taylor; Vinjevold, 1999) é aquela que afirma que os professores não conhecem suficientemente bem sua disciplina (Matemática); portanto, precisariam de mais cursos sobre ela. O simplismo dessa interpretação conduz aos tipos de programas em serviço oficiais, que temos visto proliferar como cogumelos nas universidades da África do Sul nos últimos anos. Aos professores que foram submetidos à discriminação na Educação do regime de apartheid (Welsch, 2002), agora estão sendo oferecidas possibilidades de atualização – que disponibilizam oportunidades para eles aprenderem "mais" Matemática e talvez um pouco de educação matemática.

Essa resposta, ainda que bem-intencionada, falha em apreender as especificidades e a complexidade do conhecimento para o ensino e reforçam a sugestão proposta anteriormente de que esse tipo de conhecimento ainda não está suficientemente descrito nem suficientemente compreendido. Como o conhecimento de Matemática e sobre a Matemática é efetivamente utilizado no ensino? O problema aqui não é simplesmente que tópicos de Matemática ou que Matemática o professor precisa saber, mas como esse conhecimento precisa ser criticamente utilizado para habilitar outras pessoas a dominá-la. Na metade dos anos 1980 – o que pode ser descrito como um momento decisivo no campo educacional do conhecimento sobre a prática de ensino – Lee Shulman propôs a noção de *Conhecimento do Conteúdo Pedagógico* (CCP) (Shulman, 1986, 1987). Ele apontou para a natureza complexa de conhecimento-em-uso no ensino e para o ensino, e o papel central da integração do conhecimento do conteúdo com o conhecimento sobre o ensino e a aprendizagem, a fim de promover um ensino bem-sucedido. Ball e Bass (*op. cit.*) começaram a elaborar a natureza deste trabalho matemático por meio de seus estudos sobre o trabalho de um professor de nível fundamental, numa sala de aula de 3ª série durante um ano letivo.

Assim como eles, eu sustento a posição de que não sabemos o suficiente sobre o trabalho matemático realizado pelos professores, e mais, na medida em que esse trabalho é conhecimento fundado-na-prática, nos defrontamos com uma questão empírica. Assim como Noss e Hoyles estudaram os usos que os enfermeiros fazem da Matemática em seu cotidiano profissional, também nós precisamos estudar mais sistematicamente a Matemática trabalhada no ensino.

Conforme mencionado, Ball e Bass já tinham contribuído para uma agenda de pesquisa. Na verdade, existem outros pesquisadores trabalhando no conhecimento do conteúdo para o ensino com foco específico na Matemática (EVEN, 1990; KENNEDY, 1998, MA, 1999). Se o trabalho nesse campo já está caminhando, qual seria o valor de tal pesquisa na África do Sul? Há algo mais que poderia ou precisaria ser aprendido?

- **Pesquisa em ensino e aprendizagem de Matemática em salas de aula multilíngues**

Pesquisas sobre o conhecimento das práticas dos professores de Matemática em salas de aula urbanas multilíngues do nível secundário na África do Sul (ADLER, 2001) postulam a existência de três grupos de dilemas que caracterizariam esse conhecimento: (a) dilemas de alternância-de códigos (de habilitar a produção de significados pela utilização da língua corrente do estudante versus habilitar o acesso ao Inglês como idioma da instrução e do progresso); (b) dilemas de mediação (de valorizar as diversas produções do estudante versus a produção de competência comunicativa matemática); (c) dilemas de transparência (de administrar práticas implícitas e explícitas na linguagem matemática). O argumento dominante é que, em primeiro lugar, esses dilemas são simultaneamente pessoais e contextuais, e emergem em função da biografia do professor e do contexto em que ele trabalha; em segundo, os professores administram esses dilemas em suas práticas cotidianas fazendo juízos profissionais em relação às formas como trabalham as múltiplas linguagens e as diversas competências linguísticas presentes em suas salas de aula. A partir desses dilemas, faço os seguintes questionamentos (que não estavam em foco durante a pesquisa): Que movimentos *matemáticos* os professores fazem ou precisam saber fazer nesses momentos? Os professores buscam alguma sintonia com as condições contextuais?

Setati e Adler (2001) e Setati *et al.* (2002) descreveram a complexa jornada que os professores precisam empreender nas salas de aula de Matemática, desde a conversa informal no idioma corrente dos estudantes até a escrita matemática em Inglês, passando pelos desafios encontrados no caminho. Esses desafios são, ao mesmo tempo, função do contexto e – mais apropriadamente aqui – função do trabalho desenvolvido em meio aos idiomas e aos múltiplos discursos em sala de aula. Num estudo posterior sobre a receptividade dos professores às atividades propostas em um programa oficial de desenvolvimento em serviço (Setati *et al.*, 2002), mostramos como a base da língua inglesa é importante nas escolas urbanas e rurais e como a orientação aos professores era incompleta ou abreviada. A receptividade ao programa, no que se refere ao idioma como um recurso para o ensino e a aprendizagem, caracterizou-se pela prática dominante dos participantes utilizarem sua linguagem cotidiana como instrumento de pensamento socializado e de conversas informais enquanto iniciavam suas tarefas matemáticas. Os movimentos que partiam desse ponto para as discussões matemáticas e para a escrita em Inglês ou – mais especificamente – em inglês matemático ou estiveram ausentes (com as atividades restritas às conversas informais), ou foram abreviados (com um salto radical para a Matemática formalizada em Inglês). Nesse estudo, ilustramos adicionalmente que as práticas da língua, em particular da alternância de códigos, diferiam entre os vários níveis (elementar e secundário) e entre disciplinas (ensinar e aprender o Inglês como uma língua, versus ensinar e aprender Matemática e Ciências). O espectro de dimensões de diversidade nos contextos, de fato, é importante no ensino e aprendizagem de Matemática.

Surge aqui também uma pergunta relacionada à existência de implicações matemáticas específicas do ensino em contextos linguísticos diversos: (como) os variados contextos são importantes para a Matemática trabalhada pelos professores, no sentido de ensiná-la de maneira satisfatória? Será que os professores precisariam pensar e trabalhar a Matemática de maneiras específicas para tornar aptos seus diversos estudantes, com suas diversas e frequentemente difíceis condições de aprendizagem? Em termos mais simples, a pesquisa sobre a formação de professores e sobre o ensino e a aprendizagem de Matemática em diferentes contextos (inclusive as salas de aula multilíngues) reforçam o significado potencial da questão da Matemática trabalhada no ensino. O contexto é importante, e saber o que isso implica em termos da geração de demandas matemáticas específicas aos professores é uma questão empírica, que se encontra em aberto. É importante, por conseguinte, que o trabalho atual sobre o conhecimento do conteúdo para o ensino e sobre o conhecimento do conteúdo pedagógico sejam desenvolvidos em diferentes contextos de sala de aula e com o apoio de instrumentos teóricos apropriados, que habilitem um olhar focalizado na inter-relação entre contexto e Matemática.

Uma agenda de pesquisa

Nesta seção construí um argumento em favor da especificidade da Matemática trabalhada no ensino e – mais do que isso – de que essa Matemática deve receber influências dos diversos contextos em que se desenvolve. Tais implicações são baseadas na prática, portanto requerem um estudo da Matemática trabalhada no ensino em tais contextos. Uma identificação e uma descrição desse trabalho se fazem necessárias, e, incorporada a elas, situa-se a questão prática da formação matemática dos professores. Segue-se, portanto, uma agenda de pesquisa. O pressuposto subjacente é que tais focos matemáticos poderiam ser incluídos na formação matemática e no desenvolvimento profissional contínuo dos professores, e isso fará diferença em suas habilidades para ensinar Matemática de maneira satisfatória. É claro que a Matemática efetiva e apropriada à formação do professor permanece como mais uma questão empírica a ser discutida.

O início deste trabalho já está em andamento, alimentado por uma breve e parcial análise secundária de alguns dos dados coletados em meu primeiro estudo sobre as práticas dos professores em salas de aula multilingues (Adler, 2001). A seguir, na seção final, eu me volto para a discussão de dois episódios deste estudo e para o trabalho matemático que os professores apareceram desenvolvendo, ou precisaram desenvolver, para construir e mediar as tarefas apresentadas por eles a seus estudantes[4].

• Trabalhando entre discursos

Em uma aula da 11ª série, onde se discutiam os fundamentos para o estudo da programação linear, a professora e os estudantes construíram uma tabela no quadro-negro focalizando duas frases particularmente problemáticas no *inglês matemático*, que os alunos precisariam usar em problemas da disciplina: "no máximo" e "no mínimo". Uma descrição detalhada do episódio dessa aula poderá ser encontrada em Adler (2001) e não será repetida aqui. Minha atenção estará centrada em desvelar a Matemática trabalhada pela professora ao preparar e ensinar essa atividade.

Os alunos daquela classe, em sua maioria, falavam a língua Tswana e possuíam níveis variados de fluência em Inglês (e em inglês matemático). Por conseguinte, a professora chamou a atenção da turma para as expressões "no máximo" e "no mínimo"; em primeiro lugar, para que os estudantes relacionassem essas expressões com as expressões matemáticas "não mais que" e "não menos que" (negações); em segundo lugar, com os contextos cotidianos em que esses termos poderiam ser usados; e, em terceiro, com as formas simbólicas que representariam tais expressões. Uma tabela foi construída, num processo interativo em que os estudantes relacionavam o inglês matemático com o Inglês corrente e, finalmente, com sua expressão simbólica, conforme descrito abaixo:

[4] Estou em débito aqui com Deborah Ball, Hyman Bass e Joan Ferrini-Mundy, dos EUA, pelas longas e produtivas conversas sobre o trabalho matemático presente nos dois episódios discutidos.

Termos matemáticos	Cenários	Símbolos matemáticos
Não mais que	Você pode gastar não mais que \$50.	$\leq$
Não menos que/ pelo menos	Havia pelo menos 10 pessoas no encontro.	$\geq$
No máximo	Você pode gastar no máximo \$50.	$\leq$

Meu propósito aqui não é discutir como essa tabela foi usada nem se sua construção é uma maneira apropriada e produtiva de lidar com tais demandas de linguagem em programação linear. Meu objetivo é, de algum modo, nesse ponto de partida de um processo de pesquisa, perguntar: que Matemática estava em jogo para a professora, na medida em que ela trabalhava com uma classe heterogênea de estudantes no objetivo de abordar a prática matemática de tradução entre expressões matemáticas verbais e simbólicas, entre essas e os discursos cotidianos, e com tudo isso em Inglês.

Qual é o espectro de práticas matemáticas presentes na tarefa de relacionar e tabular frases cotidianas, sentenças matemáticas e sinais e símbolos matemáticos? Em primeiro lugar, a tradução entre os discursos é óbvia. Além disso, 'ordenar' é uma tarefa crucial nesse trabalho matemático. Traduzir a expressão 'não mais que \$50' em uma expressão matemática simbólica (que as tarefas de programação linear requerem) não é só uma questão de identificar um sinal ou um símbolo apropriado ($\leq$), mas de entender criticamente como ele é usado e conectado a outros sinais e símbolos pertinentes – aqui, 'x' e '\$50'.

A *ordenação* está em jogo mesmo quando se traduz apenas do Inglês corrente para o inglês matemático. Nós conhecemos bem as dificuldades com a tradução "há duas vezes mais cadeiras do que mesas" em uma proposição matemática. Tenho ouvido frequentemente oradores africanos que, ao falar em Inglês, ordenam os números dispondo o maior antes do menor, como, por exemplo, em "eu preciso de 5 ou 4 daqueles" – um sinalizador de que a ordenação verbal dos números em alguns idiomas africanos difere da ordenação usual do Inglês e do inglês matemático. A ordem é importante na tradução, seja de um idioma para outro, ou dos discursos, seja de palavras para símbolos matemáticos. E essa importância se dá de modos específicos. Assim, o que estaria envolvido no ensino das relações de ordem na Matemática trabalhada, que não estava em foco na aula que gerou este episódio, nem na análise da aula em minha pesquisa anterior?

Assim como "ordenar" é importante para a Matemática trabalhada no ensino, as metáforas ocupam sua posição de relevância. As metáforas poderiam ser categorizadas mais apropriadamente como conhecimento matemático pedagógico para o ensino. No episódio narrado, a escolha de contextos/cenários feita pelos professores para o tratamento dessas noções foi interessante e profundamente contextual. Naquele tempo, na África do Sul, os estudantes das escolas secundárias foram surpreendidos pelas políticas do final do apartheid e, consequentemente, gastaram muitas de suas horas de estudo em reuniões políticas na escola. As metáforas são importantes na medida em que carregam significados que podem esclarecer ou obscurecer uma noção matemática que o professor pretende explicar. O trabalho de Walkerdine (1988), como discutido em Adler (2001), é esclarecedor aqui.

Essa discussão sobre práticas matemáticas fundamentais – como exemplificado anteriormente – provê uma lente adicional sobre aspectos do idioma da Matemática que são bem conhecidas. Ela trouxe também alguma inter-relação entre a Matemática trabalhada no ensino em geral e aspectos sobre como isso poderia assumir significação específica em situações linguisticamente diversas. O reexame do trabalho anterior motivou a análise da Matemática usada em diferentes contextos de sala de aula.

Projetando e mediando tarefas produtivas

Passo, agora, a um segundo episódio – também descrito em detalhes em Adler (2001) – tomado, desta vez, da 8ª série, em que a professora falava em Inglês, mas as línguas correntes da maioria dos estudantes eram outras. Aqui, a professora focalizava mais as conversas que os alunos promoviam com o intuito de aprender e de aprender a raciocinar matematicamente. Como parte de uma sequência de tarefas relacionadas a propriedades dos triângulos, ela propôs a seguinte atividade:

Se alguma das solicitações abaixo for impossível de ser atendida, explique o porquê. Em caso contrário, faça o desenho:

- *Desenhe um triângulo com 3 ângulos agudos.*
- *Desenhe um triângulo com 1 ângulo obtuso.*
- *Desenhe um triângulo com 2 ângulos obtusos.*
- *Desenhe um triângulo com 1 ângulo reflexo*[5].
- *Desenhe um triângulo com 1 ângulo reto.*

A tarefa proposta evidencia elementos diferentes de um importante trabalho matemático envolvido no ensino de formas de se argumentar matematicamente. Em primeiro lugar, ela não é uma tarefa "típica" sobre propriedades de triângulos. Uma tarefa no estilo usual solicitaria que os estudantes reconhecessem tipos diferentes de triângulos a partir das características de seus ângulos. O que a professora fez foi remodelar uma tarefa de "reconhecimento" para uma tarefa de "raciocínio". Ela construiu o exercício de maneira a induzir os estudantes a raciocinar se, de fato, deveriam prosseguir com a tarefa de cada item. Nesse sentido, a professora criou condições para induzir raciocínios matemáticos durante a aula e para produzir a respectiva proficiência em seus alunos.

Construindo o exercício de maneira que os estudantes precisassem responder se combinações particulares de ângulos seriam ou não "impossíveis" para a construção de um triângulo, a professora esperava uma justificação no estilo de uma demonstração, um argumento ou uma explicação que valesse para todos os casos. O que está envolvido nesta tarefa, sob o ponto de vista matemático? A professora precisaria pensar no estágio matemático em que se encontravam os alunos, a fim de que pudessem

[5] N.T.: Ângulo de mais de 180°.

construir uma resposta geral (uma que valesse para todos os casos). Os estudantes já sabiam e já tinham trabalhado com soma de ângulos de um triângulo. O que mais poderia entrar em jogo à medida que os alunos prosseguissem nessa tarefa?

Nessa sala de aula particular, os estudantes trabalharam em pares para produzir as respostas. A professora andava pela sala fazendo perguntas como: Explique o que você desenhou / escreveu aqui? Você está certo disso? Isso acontecerá sempre?

Adiantarei aqui as respostas que os estudantes deram para o segundo item: desenhe um triângulo com dois ângulos obtusos. Nessa parte da tarefa, havia uma considerável gama de respostas dos alunos – o que é um indicativo da potencialidade embutida na tarefa. Ela foi desenhada de modo a permitir que diversas respostas fossem possíveis e exequíveis.

- Alguns disseram: É impossível desenhar um triângulo com dois ângulos obtusos, porque você obterá um quadrilátero. E desenharam:

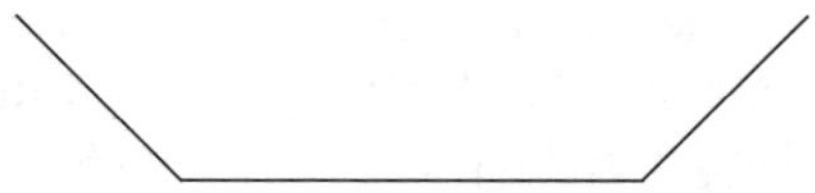

- Outros argumentaram: um ângulo obtuso tem mais de 90 graus e, assim, dois ângulos obtusos terão mais de 180 graus. Portanto, você não terá um triângulo porque os ângulos deveriam somar 180 graus.
- Joe e seu colega argumentaram da seguinte maneira: se você começa com um ângulo, digamos, de 89 graus, e você o 'estica'; os outros ângulos diminuirão e, assim, você não poderá obter outro ângulo obtuso. E desenharam:

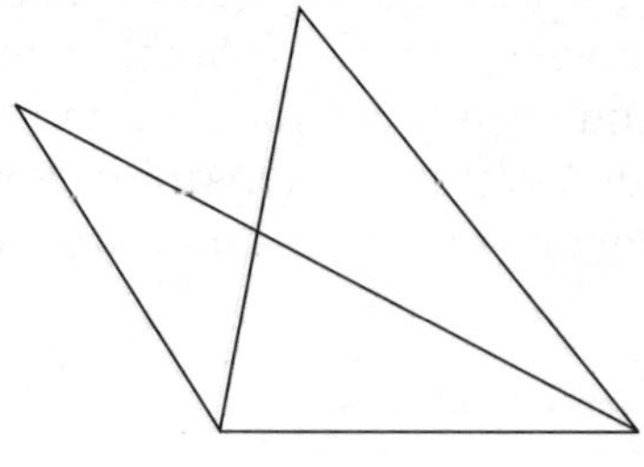

Agora, era tarefa da professora mediar essas respostas e permitir que seus estudantes argumentassem se cada uma delas seria geral, ou seja, se valeria em todos os casos. As importantes interações que se seguiram na aula foram descritas e problematizadas em Adler (2001) e não serão focalizadas aqui. Nos vários contextos em que eu tenho apresentado o estudo, e esse episódio em particular, muita discussão tem sido gerada em relação ao *status* matemático das respostas e seus níveis de generalidade. Simultaneamente, ocorrem discussões com argumentos sobre o que se poderia esperar de estudantes de uma 8ª série. O que constitui uma resposta generalizada nesse nível de ensino? Todas as três respostas seriam igualmente gerais? A resposta de Joe seria uma resposta generalizada?

Estas são perguntas de cunho matemático, assim como o tipo de trabalho matemático que a professora fez "ao vivo", à medida que avaliava e validava o que os estudantes tinham produzido. O interesse aqui é que esse tipo de trabalho matemático, a saber, o trabalho de provocar, reconhecer e mediar noções de demonstração e de tipos diferentes de justificação é crucial para ensinar as "grandes ideias" (como a de demonstração) em Matemática, ainda que esse tipo de Matemática raramente seja foco de atenção na formação de professores.

Conclusão

Neste capítulo apresentei uma descrição de como tenho desenvolvido uma agenda particular com foco na Matemática trabalhada no ensino e as possíveis implicações dos diferentes contextos de sala de aula. Minha motivação é: se soubermos mais sobre "qual" Matemática e "como" a Matemática é usada para ensinar em diferentes contextos, poderemos discutir, se, como e onde, estas práticas seriam "ensináveis" e que habilidades seriam necessárias para implementar o ensino. Também para motivar esta agenda, abordei algo da análise secundária dos dados de um projeto anterior, para explorar o valor da pesquisa sobre a Matemática trabalhada em diferentes contextos.

Observando de dentro o trabalho dos professores em duas salas de aula de Matemática multilíngues na África do Sul, os contextos foram, sem dúvida, importantes para revelar a especificidade do trabalho matemático dos professores. Os elementos desse trabalho, identificados neste artigo, a saber, tradução bilateral entre discursos, ordenação de representações matemáticas, remodelação de tarefas e valorização de diferentes níveis de justificação não estão, em geral, em foco nas disciplinas de Matemática de cursos universitários de formação de professores na África do Sul. Justamente pelo fato de ser matemáticos por natureza, não parecem também estar em pauta nos "cursos de metodologia". Há, portanto, muito trabalho a ser feito na área de formação do professor de Matemática, seja no campo da prática, seja no campo da pesquisa.

Referências

ADLER, J. *Teaching mathematics in multilingual classrooms*. Dordrecht: Kluwer, 2001.

ADLER, J. Global and local challenges of teacher development. In: ADLER, J.; REED, Y. (Eds.) *Challenges of teacher development: an investigation of take up in South Africa*. Van Schaik: Pretoria, 2002. p. 1-16.

ADLER, J. The mathematical work of teaching. In: STRASSER, R., BRANDELL, G., GREVHOLM, B.; HELENIUS, O. (Eds.) *Educating for the Future: Proceedings of an International Symposium on Mathematics Teacher Education*. Stockholm: The Royal Swedish Academy of Sciences, 2004. p. 103-118.

ADLER, J.; REED, Y. (Eds.) *Challenges of teacher development: an investigation of take-up in South Africa*. Van Schaik: Pretoria, 2002.

ADLER, J.; SLONIMSKY, L.; REED, Y. Subject-focussed inset and teachers' conceptual knowledge-in-practice. In: ADLER, J.; REED, Y (Eds.) *Challenges of teacher development: an investigation of take-up in South Africa*. Van Schaik: Pretoria, 2002. p. 135-152.

ALEXANDER, R. *Culture and pedagogy*. Oxford: Blackwells, 2000.

BALL, D.; BASS, H. Interweaving content and pedagogy in teaching and learning to teach: knowing and using mathematics. In: BOALER,

J. (Ed.) *Multiple perspectives on mathematics teaching and learning*. Westport: Ablex Publishing, 2000. p. 83-104.

ELLIOTT. J. The paradox of educational reform in the evaluatory state and its implications for teaching and teacher education. Keynote Address: ICET WORLD CONGRESS, 45, July, 2001. (Unpublished manuscript).

EVEN, R. Subject matter knowledge for teaching and the case of functions. In: *Educational Studies in Mathematics,* 21, 1990. p. 521-544.

GRAVEN, M. *Mathematics teacher learning, communities of practice and the centrality of Confidence*. Unpublished doctoral thesis submitted for the degree of Doctor of Philosophy in Science, University of the Witwatersrand, 2002.

HARGREAVES, A. Teaching as a paradoxical profession. Address at the ICET WORLD CONGRESS, 45, July, 2001. (Unpublished manuscript).

KENNEDY, M. *Defining optimal knowledge for teaching science and mathematics*. Research Monograph n. 10. National Institute for Science Education, University of Wisconsin-Madison, 1997.

MA, L. *Knowing and teaching elementary mathematics: teacher's understanding of fundamental mathematics in China and the United States*. New Jersey: Lawrence Erlbaum, 1999.

NOSS, R. Epistemologies at work. In: COCKBURN, A. D.; NARDI, E. (Eds.) *Proceedings of the 26th Annual Conference of the International Group for the Psychology of Mathematics Education,* v. 1. Norwich: University of East Anglia, 2002.

HOYLES, C., NOSS R.; POZZI, S. Proportional Reasoning in Nursing Practice. In: *Journal for Research in Mathematics Education*. 32, 1, 2001. p. 4-27.

SETATI, M.; ADLER, J. Between languages and discourses: Code-switching practices in primary mathematics classrooms in South Africa. Educational Studies in Mathematics. 43, 2001. p. 243-269.

SETATI, M.; ADLER, J.; REED, Y.; BAPOO, A. Incomplete journeys: code-switching and other language practices in multilingual classrooms in South Africa. In: *Language and Education*. 16, 2002. p. 128-149.

SHULMAN, L. Those who understand: knowledge growth in teaching. In: *Educational Researcher*, 15, 2, 1986. p. 4-14.

SHULMAN, L. Knowledge and Teaching: Foundation of the New Reform, Harvard. In: *Educational Review*, 57(1), 1987. p. 1-22.

TAYLOR, N.; VINJEVOLD, P. *Getting Learning Right* (Johannesburg, JET/DoE). 1999.

WELSCH, T. Teacher education in South Africa before, during and after apartheid: an overview. In: ADLER, J.; REED, Y. (Eds.). *Challenges of teacher development: an investigation of take-up in South Africa*. Van Schaik: Pretoria, 2002. p. 17-35.

Capítulo III

Educação Matemática nas Ilhas do Pacífico: promovendo o desenvolvimento profissional de professores de Matemática da Micronésia

A. J. (Sandy) Dawson

Imagine ser solicitado a auxiliar na preparação de educadores matemáticos que habitam uma região com uma população aproximada de 1,7 milhão de pessoas morando em 110 ilhas espalhadas por 4,9 milhões de milhas quadradas do Oceano Pacífico. Para dizer o mínimo, tal tarefa apresenta desafios monumentais, até mesmo para o mais experiente profissional em estratégias de liderança e em formas de trabalho.

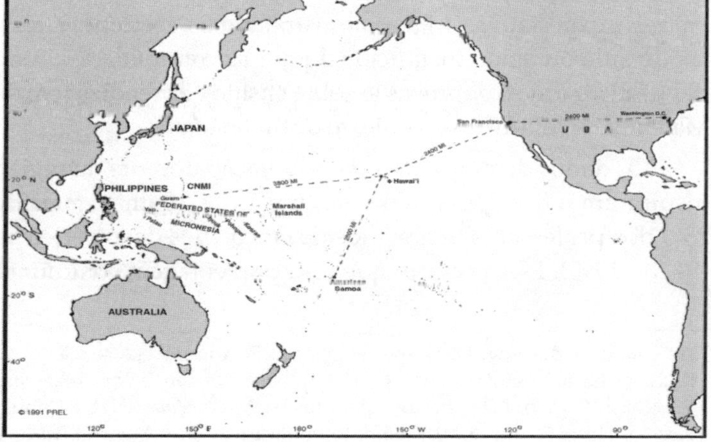

Mapa mostrando as distâncias na região da Micronésia (sem escala)

Imagine que, além de estar geograficamente isolada, a região na qual lhe pedem que trabalhe é caracterizada por alta diversidade cultural e linguística, classes sociopolíticas diversas, estruturas culturais variadas e recursos econômicos geralmente limitados. Tomados isoladamente, cada um desses fatores já representaria forte impacto na natureza e no sucesso de qualquer iniciativa de desenvolvimento profissional introduzida na esfera local ou regional. Tomados em conjunto, eles ofereceram uma oportunidade de conduzir um experimento com um novo modelo de desenvolvimento profissional, que criou competência local e gerou um quadro de formadores profissionais nativos em Educação Matemática. O mapa mostra os estados e os países[1] da região do Pacífico onde o trabalho está acontecendo.

Essa região do Pacífico afiliada aos EUA possui uma população de mais de 1,7 milhão de pessoas, que se mantêm em aproximadamente 110 ilhas e atóis espalhados por 4,9 milhões de milhas quadradas de oceano. Honolulu está mais perto de Chicago do que de Palau, situada no extremo Oeste. Os habitantes da região podem viver da pesca e da agricultura em um atol isolado, com serviço aéreo e marítimo irregular, ou trabalhar em uma economia complexa ligada aos EUA e a outras nações vizinhas. Os vários idiomas indígenas e as culturas da região geram um considerável impacto nos processos educacionais e exigem um extremo esforço para acomodar uma variedade de costumes, valores e expectativas. Materiais instrucionais, costumes em salas de aula ou ajuda institucional para as comunidades, tudo deve refletir uma compreensão sobre ensino e aprendizagem de Matemática dentro desse contexto de diversidade.

Os dados demográficos da população docente da região inspiraram o desenho do projeto. Em 7 das 10 ilhas, mais de 23% dos professores têm menos de cinco anos de experiência (PERL, 1999). Está previsto que essa porcentagem continuará

[1] As comunidades envolvidas pertencem ao Estado do Havaí e às nove ilhas do Pacífico afiliadas aos EUA: Samoa Americana, Ilhas Marianas do Norte (CNMI), Estados Confederados da Micronésia (FSM – Chuuk, Kosrae, Pohnpei, and Yap), Guam, República das Ilhas Marshal (RMI) e República de Palau (Palau).

aumentando na medida do crescimento da população de estudantes. Como os dados da Tab. 1 apontam, a taxa de natalidade na região está algo entre o dobro e o triplo da taxa encontrada no continente norte-americano.

Tabela 1 – Dados Populacionais por Entidade

Entidades	População[a]	Número de nascimentos por ano (para cada 1000 pessoas)[a]	Taxa de crescimento populacional[a] (%)	Porcentagem da população abaixo dos 15 anos (%)
EUA	275. 562. 673	14,2	0,9	21,3[a]
Samoa Americana	65.446	25,8	2,5	39,0 [a]
Ilhas Marianas	71.912	20,9	3,8	24,0 [a]
Micronésia*	133.144	27,1	3,3	43,5[b]
Guam	154.623	26,2	1,7	34,9[a]
Palau	18.766	19,9	1,8	27,0 [a]
Ilhas Marshall	68.126	45,2	3,9	50,0 [a]

* : Incluem Chuuk, Kosrae, Pohnpei e Yap

Fontes: ([a]) Agência Central de Inteligência (CIA), 2000; ([b]) Banco de Desenvolvimento da Ásia, 2000.

Para acomodar a população de estudantes que aumenta rapidamente, departamentos e ministérios de educação têm feito esforços combinados para aumentar também o número de professores treinados localmente. Todavia, a formação de professores na região é em geral inadequada, particularmente na área de ensino de Matemática. Professores que possuem o *associate degree*[2], normalmente tiveram uma baixa carga horária em Ciências, Matemática e Tecnologia, tanto no aspecto de conteúdo quanto no de pedagogia. Como se nota na Tab. 2, mais de

[2] N.T.: Uma formação de dois anos similar à antiga licenciatura curta no Brasil.

60% dos professores nos Estados Livremente Associados (FAS)[3] têm dois anos ou menos de educação superior.

Tabela 2 - Maiores Níveis de Formação de Professores nos FAS (em percentual)

Entidades	Escola secundária	Associado em Artes ou Ciências	Bacharel em Artes ou Ciências	Mestre em Artes ou Ciências
Micronésia (Geral)	29	54	16	1
Chuuk, FSM	40	46	13	1
Kosrae, FSM	9	58	32	1
Pohnpei, FSM	11	71	17	1
Yap, FSM	40	49	10	1
Palau	7	55	36	2
RMI	32	47	17	1

Fonte: "MicSem Education Statistics on Micronesia," por F. Hezel, 2000. <www.micsem.org/ie/publications/social.htm>, abril de 2001.

Embora tenha havido um aumento do número de professores na região que completaram um curso de três anos em Pedagogia, os programas são tipicamente não especializados e não possuem um conteúdo complementar de Matemática no currículo. Um estudo recente de um banco de desenvolvimento asiático (ADB, 1995) identificou a falta de especialistas na disciplina como uma importante barreira para a implementação efetiva de currículos de Matemática na Micronésia.

Esse é o contexto no qual o projeto se desenvolve. O trabalho começou em setembro de 1999, está planejado (com recursos financeiros alocados) para prosseguir até 2007 e fundamentado na teoria social crítica. Essa perspectiva reconhece que salas de aula são construtos necessariamente socioculturais, em que os professores trabalham sob limitações e dilemas sociais

[3] Os Estados Livremente Associados (FAS) incluem os estados da Micronésia (Chuuk, Pohnpei, Kosrae e Yap) e as repúblicas de Palau e das Ilhas Marshall.

e culturais. O foco e a natureza de quaisquer experiências em desenvolvimento profissional, quando pretendem ser relevantes e significativas para grupos específicos de professores, devem respeitar suas necessidades e prioridades locais e acomodar seus contextos socioculturais e políticos.

O trabalho é financiado por duas subvenções da Fundação Nacional de Ciências (NSF, EUA). O primeiro projeto, denominado *Desenvolvendo Atividades de Treinamento de Liderança Efetiva* (DELTA – Developing Effective Leadership Training Activities), com duração de três anos, gerou experiências de desenvolvimento profissional desenhadas e conduzidas por mentores/líderes em Educação Matemática acostumados às identidades individuais e às realidades socioculturais das comunidades locais de professores. O segundo projeto, denominado *Educação Matemática para Professores Iniciantes: Oportunidades para Reflexão* (MENTOR – Mathematics Education for Novice Teachers: Opportunities for Reflection), é um empreendimento de cinco anos focalizando líderes em Educação Matemática que orientam mais de 500 professores iniciantes na profissão. Os projetos são sequenciais, e o MENTOR está atualmente em seu terceiro ano de atividade.

Tomados em conjunto, os dois projetos engendraram um modo inovador de oferecer desenvolvimento profissional não só aos professores de Matemática como também aos mentores de professores. Nesse processo, a potencialidade das comunidades que habitam áreas remotas para promover o desenvolvimento profissional de seus próprios professores aumentou notavelmente. A influência dos mentores pode ser depreendida da maneira como os professores locais abordam atualmente o ensino e a aprendizagem de Matemática nas salas de aula. O impacto da atuação desses professores sobre as crianças pode ser apreciado não apenas mediante os melhores resultados obtidos nas avaliações, mas também as atitudes e as convicções que professores e alunos agora possuem no que se refere a suas habilidades de fazer Matemática.

A próxima seção esquematizará o *quadro conceitual* da abordagem adotada para o desenvolvimento profissional e elucidará as conexões entre essa base e as práticas subsequentes. O *papel dos mentores e a natureza de seu trabalho* com professores experientes e iniciantes serão descritos na seção seguinte. Os *Resultados e as Discussões* do trabalho irão compor a seção final do capítulo.

Quadro Conceitual

Durante os últimos 10 anos, as entidades da região do Pacífico trabalharam para implementar os padrões nacionais e regionais para a Educação Matemática. A visão de ensino e aprendizagem articulada nos documentos requer que os professores possuam consideráveis conhecimentos pedagógicos e de conteúdo em Matemática. Demandam também uma postura investigativa e de resolução de problemas, que sejam responsivos às ideias dos estudantes e organizem instrução subsequente de maneira a estender ou reconsiderar seus pensamentos iniciais, que reúnam dados formais e informais sobre as concepções desses estudantes sobre ideias matemáticas e que utilizem essas informações para orientar o ensino em sala de aula. Essa forma de ensinar requer uma significativa reconceitualização por parte de professores sobre a natureza do ensino e da aprendizagem de Matemática.

Um requisito absoluto nas interações com as culturas das ilhas do Pacífico é o respeito: a cada indivíduo, aos valores da cultura, à estrutura social, aos anciões e à espiritualidade. A pergunta que se colocava diante dos líderes do projeto era como auxiliar no processo de reconceitualização de maneira a honrar o respeito estabelecido pelos líderes externos às culturas.

Por muitos anos, o pesquisador-chefe do projeto e autor deste capítulo impregnou-se de uma orientação desenvolvida por Caleb Gattegno[4], chamada Subordinação do Ensino à Aprendizagem (SUTIL) – Subordination of Teaching to Learning (SUBTLE), que é um modo de estimular o compromisso

---

[4] Caleb Gattegno *What We Owe Children: The Subordination of Teaching to Learning*. London, UK: Outerbridge & Dienstfrey, 1970.

dos estudantes para com a Matemática. Essa abordagem foi escolhida como um núcleo central do projeto por causa do respeito e da valorização que ela dedica aos aprendizes. Os aspectos centrais da abordagem **SUTIL** incluem:

- Respeito profundo e aceitação das capacidades dos estudantes. Um professor SUTIL sempre espera que seus alunos possam apreender os conceitos que lhes são apresentados. Ao mesmo tempo, ele não tem essa expectativa toda vez e em toda circunstância.
- Reconhecimento de que na dupla estudante / professor o estudante é o elemento central; isto é, a aprendizagem do estudante é de importância suprema, e o desempenho do professor em sua aula deve ser subordinado ao aprendizado do estudante.
- Reconhecimento de que cabe ao estudante construir sua aprendizagem, e a função do professor é criar situações e experiências que focalizem a atenção do aluno para os conceitos fundamentais apresentados da Matemática. O papel do professor é buscar constantemente atividades que atraiam a atenção. O professor SUTIL percebe que nem todos os estudantes obterão a mesma compreensão em relação a uma determinada atividade, portanto exige um conjunto de atividades que direcionem a atenção dos estudantes às ideias fundamentais que lhes são apresentadas.
- Disciplina para prover o estudante com o mínimo essencial para a sua compreensão, para não 'contar' tudo ou quase tudo ao aluno, na convicção de que 'contar' estimula a aprendizagem. Para que o conhecimento seja permanente, acessível e utilizável, o estudante tem que brincar com esse conhecimento, moldá-lo, modificá-lo e, finalmente, construí-lo por si mesmo.
- Reconhecimento adicional de que as conversas entre os alunos são uma valiosa ferramenta no repertório educativo do professor, pois frequentemente os estudantes podem perguntar algo ou chamar a atenção para que o colega 'veja' algo não previsto pelo professor quando projetou

suas atividades. Trabalho entre pares ou em grupos pequenos é um valioso método para estimular a aprendizagem.

- Compreensão de que ensino é trabalho sutil, em termos de ser SUTIL, mas também em termos de ser delicado, contido e finamente granulado. Uma estratégia instrucional usada de forma bem-sucedida em uma dada ocasião pode não funcionar em uma situação diferente ou com um grupo diferente de alunos.
- Apreço pelo fato de que, nas palavras de Caleb Gattegno, "só a consciência é educável", o que significa que os estudantes só podem obter conhecimento sobre o que estão conscientes. Por exemplo, um jovem estudante só pode se dar conta da propriedade comutativa experimentando ambos os casos em que a propriedade não vale (calçando as meias e depois os sapatos versus calçando os sapatos e depois as meias), e exemplos em que ela vale (somando 3 com 5 e somando 5 com 3).

A compreensão desses aspectos é central no trabalho do projeto com os mentores, com os professores experientes e com os iniciantes, além de formar a base instrucional para as oficinas e seminários organizados durante os cursos de formação de mentores duas vezes ao ano. Esses cursos são caracterizados por cenários que encorajam a comunicação e as conversas entre os mentores, e por experiências que buscam direcionar sua atenção para compreensões matemáticas significativas, enquanto os engajam em problemas matemáticos desafiadores e em tarefas que oferecem, de maneira flexível, oportunidades para que eduquem sua própria atenção. Quando possível (uma ou duas vezes ao ano, em média), líderes do projeto visitam os mentores nas ilhas para oferecer apoio e ajuda na medida em que empreendem a tarefa SUTIL de estimular a aprendizagem entre iniciantes e professores experientes com os quais trabalham.

Um segundo instrumento para estimular o respeito e a compreensão entre os mentores e o pessoal de projeto é o *círculo da sabedoria*[5].

---

[5] Esta descrição é inspirada no livro de Christina Baldwin *Calling the Circle: The First and Future Culture.* New York, NY: Bantam Books (1998).

Introduzido durante o primeiro curso de formação de mentores (janeiro de 2000) como um instrumento para estimular o diálogo entre eles, ficou claro que essa forma de comunicação é bem conhecida e utilizada por muitas culturas nas ilhas do Pacífico. Conforme a descrição de Baldwin (1998), os princípios e práticas no círculo são os seguintes:

Os Três Princípios do Círculo como são praticados no Projeto:

- *Liderança rotativa:* Cada pessoa contribui com o funcionamento do círculo, assumindo pequenos incrementos de liderança. Em... circulando, a liderança muda de momento a momento e de tarefa em tarefa. Liderança rotativa significa confiar que os recursos para a realização dos objetivos do círculo estão dentro do próprio grupo.
- *Responsabilidade Compartilhada:* Cada pessoa fica atenta ao que precisa ser feito ou dito na sequência e faz a sua parte. Em... circulando, a responsabilidade muda de momento a momento e de tarefa em tarefa. A responsabilidade compartilhada é baseada na confiança de que alguém se apresentará para suprir qualquer que seja a necessidade do círculo: ajudando o próximo, solicitando silêncio ou oferecendo o espaço para a próxima reunião.
- *Contando com o espírito:* Cada pessoa deposita total confiança no centro do círculo e toma seu lugar ao redor. Por meio de um ritual simples e de uma persistente refocalização, o centro, literal e simbolicamente, torna-se um espaço sagrado – um lugar onde a vontade de todos reside.

Os Acordos no Círculo conforme Praticado no Projeto

- *O que é dito em círculo pertence ao círculo.* A discrição e a confiança permitem que as pessoas se expressem sabendo que não serão alvo de intrigas, que assumam riscos em suas falas, que conjeturem e mudem sua opinião à medida que desenvolvem sua compreensão.
- *O círculo é uma prática de discernimento.* Discernimento é a habilidade de escutar, classificar e falar sem ter que estar

'certo' ou em total acordo previamente às opiniões e às visões dos demais. A visão de cada um não tem que estar certa ou errada; ela pode simplesmente ser diferente.

- *Cada pessoa assume a responsabilidade de solicitar ao círculo o apoio de que necessita.* Solicitar o que lhe parece necessário permite a cada um se colocar à margem das lutas de poder e evitar dramas pessoais como modos de chamar a atenção. Há ocasiões em que um pedido pode não ser atendido da maneira esperada; isto não é uma falha, é um aprendizado. Em geral, se um pedido se enquadra nas tarefas e nas orientações do grupo, alguém no círculo terá a disposição e os recursos para atendê-lo. Se um pedido não se ajusta às tarefas e às orientações, haverá falta de interesse. Os membros do círculo aprendem a negociar o que podem fazer, o que não podem, bem como a manter os objetivos para o direcionamento da energia do grupo.

- *Cada pessoa assume a responsabilidade de concordar ou não em participar no atendimento a solicitações específicas.* Essa é a metade correspondente ao acordo acima. O Círculo requer um substancial nível de atenção para com o tempo e com a energia dedicadas aos processos do grupo. Pode-se apoiar alguém sem participar diretamente do que esse alguém necessita. Pode-se contestar se um pedido serve ou não aos propósitos do grupo. Se um pedido se enquadra nas tarefas, é provável que outros ajudem a realizá-la; caso contrário, é necessário trabalho conjunto para a manutenção do foco.

- *Qualquer um no círculo pode pedir silêncio, pausa ou um ritual para restabelecer o foco, para recentrar, ou para lembrar da necessidade de... orientação.* Usa-se este método porque ele promove a comunicação, e a comunicação promove tanto a criatividade quanto a eficiência. Se a comunicação se quebra, é necessário parar e restabelecê-la.

- *Os acordos são adaptáveis. Se algo não está funcionando, deve-se revisar os acordos e manter o processo.* Acordos são como uma miniconstituição. Se problemas aparecem, procura-se um acordo em conjunto que melhor se harmonize com o que está se tratando e com o que se tem feito.

- *Praticar a audição sem interrupção.* Essa regra pode ser considerada um reforço à ideia do quinhão de fala, mesmo quando a forma vigente do Conselho for a de discussão aberta.

O "quinhão" de fala (ou o "bastão" da fala, como é chamada no Projeto) é a pena de uma águia sagrada, oferecida ao autor por uma tribo das Primeiras Nações do Norte do Canadá. Quem quer que esteja segurando esse bastão é o único com permissão para falar, e todos os demais devem ouvir atentamente o que está sendo dito. O círculo é tipicamente utilizado uma vez por dia no período de realização dos cursos de formação, em geral para abrir os procedimentos pela manhã ou para agregar todos ao final do dia. Seu uso pelas equipes de mentores na região é bastante variável, mas é particularmente intenso nas ilhas onde é considerado um componente central na maneira como os conselhos tribais administram seus negócios (por exemplo, na Samoa Americana). Os acordos e os princípios do círculo contribuem significativamente para a manutenção do respeito entre os mentores. O procedimento de ouvir sem interromper, por exemplo, é praticado agora sistematicamente no grupo.

Os quarenta homens e mulheres que trabalham como mentores nas dez comunidades onde o Projeto se realiza, falam, pelo menos, onze idiomas diferentes. Embora suas culturas sejam de vários modos semelhantes, há diferenças fascinantes entre elas. Desde o início do projeto DELTA, estabeleceu-se a prática de fixar um período do dia para que uma ou duas das equipes de mentores compartilhem algum aspecto de suas culturas. Os mentores e o pessoal do projeto aprendem frases e/ou palavras de saudação e de agradecimento no idioma das comunidades respectivas.

O primeiro curso regional de formação para o projeto MENTOR aconteceu em Guam em janeiro de 2003. Este curso foi um reencontro para a maioria dos membros da equipe MENTOR, uma vez que eles já tinham trabalhado juntos no projeto DELTA. Novos membros da equipe foram rapidamente incorporados, e o nível de comunicação e entendimento excedeu qualquer experiência que o pessoal de Projeto já tinha testemunhado anteriormente. Conforme já mencionado, o compartilhamento cultural foi uma atividade iniciada durante o projeto DELTA, mas, durante o primeiro curso do projeto MENTOR, esse processo explorou aberta e intimamente os costumes de cada comunidade. Informações confidenciais relativas a modos de construção de canoas para a navegação marítima foram compartilhadas, cerimônias de iniciação para reuniões tribais foram exibidas, instrumentos musicais e danças foram compartilhados, e presentes foram trocados. Compartilhar uma parte significativa da cultura de cada ilha é parte do projeto e, pela primeira vez, o compartilhamento foi além do superficial e do lugar-comum. Cada dia começava e terminava com um evento cultural conduzido pela equipe MENTOR de uma das comunidades. Além de se educarem mutuamente sobre as semelhanças e as diferenças entre as culturas das várias comunidades, as sessões foram um meio poderoso para gerar coesão, camaradagem e entendimento no grupo. Em comparação às "atividades de aproximação", que ocorrem durante a constituição de cada grupo, as atividades culturais permitem mais oportunidades para os participantes se conhecerem, trabalharem, conversarem e se relacionarem, em caráter tanto pessoal quanto profissional.

A abordagem SUTIL, o uso do círculo e o compartilhamento cultural fornecem a base conceitual para garantir que o respeito seja o ponto central no trabalho de todos os mentores. Um exemplo ilustra o quão importante é essa base: os desafios de encorajar os professores a desenvolver suas capacidades, bem como a de seus estudantes, no sentido de questionar – um elemento central nos *Padrões do Pacífico*[6] –, ainda que estimular este comportamento entre estudantes e professores seja difícil em alguns cenários. O significado do ato de questionar é bastante importante nessas culturas. Questionar os mais velhos, especialmente quando parte de pessoas jovens, é impróprio em algumas delas. Há comunidades, por exemplo, em que as

[6] *Pacific Standards for Excellence in Teaching, Assessment, and Professional Development* (PREL, 1995, p. 46).

mulheres necessitam de um intermediário masculino para fazer suas perguntas. Em outras, não é apropriado que uma pessoa questione, ou até mesmo fale, na presença de um membro de uma tribo de nível superior. Um conceito central em muitas das comunidades está incorporado na palavra *respeito*, e deve-se ter muito cuidado ao se demonstrar respeito àqueles de *status* superior dentro da cultura. O cenário de um evento e os indivíduos que nele comparecerão determinam como o respeito deverá será demonstrado e observado. Os mentores têm sugerido que algumas destas práticas têm mudado, mas não sem conflitos e brigas. Um mentor chamou esse processo de uma *revolução*, enquanto outros têm preferido falar em termos de uma *fase transitória*. No trabalho com os professores iniciantes, os mentores estavam cientes da importância de manter o respeito, mas reconheceram que sua *posição* como mentores poderia inibir uma comunicação mais aberta.

Mas, afinal, quem são esses mentores? Como são selecionados? Quais são seus papéis? Essas perguntas serão o foco da próxima seção.

Os mentores e suas atividades

A capacidade do projeto em alcançar seu objetivo de produzir instrução matemática efetiva a professores experientes e iniciantes depende da realização de várias metas, inclusive, mas não limitadas a:

- Desenvolver a compreensão de educadores matemáticos experientes sobre seus papéis e suas responsabilidades como mentores, bem como sobre os processos efetivos de orientação;
- Desenvolver as habilidades de educadores matemáticos experientes como mentores, bem como ampliar sua capacidade de projetar e implementar modelos de desenvolvimento profissional que estimulem o crescimento profissional dos professores;

- Ampliar o conhecimento de mentores e iniciantes sobre o conteúdo matemático, bem como sua compreensão sobre a respectiva pedagogia;
- Desenvolver as habilidades de professores experientes e iniciantes para planejar, implementar e avaliar sequências instrucionais que reflitam os princípios dos padrões estabelecidos para o ensino e a aprendizagem matemática;
- Desenvolver as habilidades de professores experientes, iniciantes e mentores para refletirem criticamente sobre sua prática e seu desenvolvimento como professores de Matemática e educadores.

Durante o outono de 1999, cada comunidade constituiu uma equipe de quatro pessoas, composta por um professor de Matemática da faculdade local, um professor de Educação Matemática, um especialista da comunidade em currículos de Matemática e um professor de Matemática do ensino médio, considerado professor-modelo. Esses indivíduos foram selecionados pelo diretor da escola pública, no caso do professor de ensino médio, e pelo diretor da faculdade local, no caso do professor universitário. A composição da equipe é única nesse projeto. Em muitos casos, seus membros não tinham trabalhado nem mesmo falado com membros de outras equipes de suas próprias comunidades. Das 40 pessoas do colégio e da faculdade envolvidas no projeto DELTA, aproximadamente a metade permaneceu no projeto durante todos os três anos e continuou com o projeto MENTOR. Isso significa que houve uma rotatividade significativa dos membros das equipes, fato que demandou a agregação de novos membros. As equipes de mentores atuais têm permanecido relativamente estáveis ao longo dos dois últimos anos, e somente um mentor foi substituído no grupo original.

As equipes lutam contra os desafios e as dificuldades de construir relações de trabalho produtivas. Adaptam-se para satisfazer suscetibilidades locais relativas a currículos e práticas instrucionais (congruentes aos padrões de Matemática do Pacífico), aprendidas durante os cursos de formação duas vezes ao ano e para desenhar e implementar atividades modelo de desenvolvimento profissional para professores de Matemática, iniciantes e experientes, em suas comunidades.

Os mentores ajudam os professores a identificar, moldar e investigar os problemas relacionados à implementação de instrução Matemática baseada nos padrões estabelecidos. Eles investigam princípios de desenvolvimento profissional efetivo[7] projetam e implementam programas em serviço de Matemática que demonstram esses princípios. Ao mesmo tempo, os mentores são encorajados a realizar suas próprias investigações profissionais sobre os dilemas e as tensões inerentes ao seu papel nas comunidades. Essa mistura de conhecimento "externo"[8] com conhecimento obtido da prática reconhece que uma poderosa aprendizagem profissional se inspira em fontes de dentro e de fora do aprendiz, bem como na pesquisa e na prática.

Quando as equipes de mentores se encontram durante os cursos de formação, são oferecidas a elas experiências de desenvolvimento profissional contínuo, que ampliam e aprofundam seus conhecimentos sobre: (1) conteúdos de Matemática e de Pedagogia; (2) currículos baseados nos padrões; (3) processos de mudança educacional, na medida em que estes se relacionam com a implementação de instrução baseada nos padrões, e (4) práticas de desenvolvimento profissional efetivas. Os mentores continuam a desenvolver as habilidades necessárias para projetar e implementar um desenvolvimento profissional relevante, efetivo, social e culturalmente apropriado para os professores em suas comunidades locais. As equipes são responsáveis por projetar e implementar experiências que incorporem conhecimento de conteúdo de Pedagogia e de estratégias efetivas de avaliação e adequação de materiais instrutivos.

O foco do trabalho dos mentores durante o período 1999-2002 esteve localizado nos professores de Matemática experientes, em particular nos do ensino médio. Começando no outono de 2002,

[7] Loucks-Horsley, S., Hewson, P. W., Love, N., & Stiles, K. E. (1998). *Designing professional development for teachers of science and mathematics.* Thousand Oaks, CA: Corwin Press.

[8] Ibidem.

a atenção desses mentores mudou para focalizar prioritariamente os professores iniciantes. O programa dos mentores entrelaça três tipos diferentes de experiências: cursos de verão, observações em sala de aula e sessões de desenvolvimento profissional mensais.

As equipes de mentores projetam e administram cursos de verão com duração de cinco dias para os professores iniciantes desenvolverem seus conhecimentos de Matemática e de Educação Matemática com base nos padrões. Cada curso focaliza uma área de conteúdo matemático específico, enquanto assegura que professores iniciantes recebam instrução em tópicos selecionados (números e operações numéricas, geometria e medida, probabilidade e tratamento de dados) do currículo de Matemática. Os cursos de verão proveem um foro para que professores iniciantes experimentem a Matemática aprendendo, construindo conhecimentos de conteúdo, examinando pressupostos e convicções sobre ensino e aprendizagem matemática e estudando criticamente novas visões tais elementos, articulando-as aos padrões nacionais, regionais e aos das próprias ilhas.

Observações em aula permitem aos mentores trabalhar individualmente com professores iniciantes em suas salas de aula sobre a implementação de práticas instrucionais baseadas nos padrões. Essas observações são estruturadas para incorporar: (1) uma discussão pré-ensino, na qual os professores clarificam metas e objetivos da aula, explicam estratégias pedagógicas e atividades, esquematizam indicadores de desempenho do estudante e negociam com os mentores o foco do conjunto de dados coletados; (2) um componente pedagógico, por meio do qual os mentores reúnem dados emergentes da sala de aula, observam evidências de aprendizagem do estudante e apontam estratégias pedagógicas; e (3) uma discussão pós-ensino, na qual os professores iniciantes refletem e resumem suas impressões sobre a aula, analisam os dados, inferem relações entre a aprendizagem do estudante e as estratégias pedagógicas e as intervenções, bem como identificam metas futuras[9]. O objetivo

---

[9] Costa, J., & Garmston, R. (1994). *Cognitive coaching: A foundation for Renaissance schools.* Norwood, MA: Christopher-Gordon Publishers.

geral do ciclo de observação de três etapas é desenvolver as habilidades de professores iniciantes para refletir criticamente sobre sua prática e implementar sequências instrucionais que se alinhem com os princípios de ensino e aprendizagem matemática baseada nos padrões preestabelecidos.

Os mentores também organizam sessões de estudo sobre áreas específicas do currículo, exploradas no curso de verão anterior. A análise de aula, um modelo de desenvolvimento profissional que se originou no Japão, promove uma investigação reflexiva sobre o ensino e a aprendizagem por meio de grupos de trabalho de professores que atuam de maneira colaborativa para planejar aulas sobre conceitos matemáticos fundamentais[10]. A análise de aula, com seu foco no exame de problemas selecionados da prática instrucional relacionada a contextos de sala de aula específicos, é uma poderosa ferramenta de orientação para os professores iniciantes. Ela os engaja em conversas prolongadas sobre como planejar experiências efetivas de aprendizagem de conceitos fundamentais de Matemática, expondo-os a pontos de vista e perspectivas diferentes. Também estimula a prática reflexiva, encorajando os professores a implementar experiências planejadas de aprendizagem, a refletir sobre a eficácia dessas atividades e a identificar áreas para aprimoramento posterior. Finalmente, provê um fórum para os mentores explorarem com professores iniciantes questões-chave em Educação Matemática, inclusive, mas não limitadas a: (a) questionar os fatores de promoção do pensamento crítico e do raciocínio matemático; (b) ensinar sob a perspectiva de resolução de problemas; (c) utilizar efetivamente material de manipulação, computadores e calculadoras; (d) desenhar tarefas investigativas; (e) promover a comunicação e o discurso matemático e; (f) fazer conexões entre elementos do currículo.

Os professores iniciantes recebem apoio contínuo por três anos à medida que progridem em um ciclo anual de cursos de

[10] Lewis, C. (2002). *Lesson study: A handbook of teacher-led instructional change.* Philadelphia: Research for Better Schools. Lewis, C., & Tsuchida, I. (1998). A lesson is like a swiftly flowing river: How research lessons improve Japanese education. *American Educator, 22* (4), 12-17 & 50-51.

verão, seguidos por semestres de apoio na própria escola em que trabalham, inclusive observações em sala de aula, seminários mensais e análises de aula. Ao longo dos cinco anos do projeto, cada equipe de mentores trabalha com 50 professores de um total de 500 professores iniciantes orientados na região.

Cada grupo de professores em uma comunidade permanece no projeto durante três anos. Conforme mostra a Tab. 3, o grupo 1 é composto por um máximo de 12 professores iniciantes que estiveram com o projeto no período de 2002 a 2005. O grupo 2 é composto de um máximo de 16 professores iniciantes que estarão com o Projeto de 2003 a 2006. O grupo 3 é composto de um máximo de 22 professores iniciantes que começaram com o Projeto em setembro de 2004.

	2002/3	2003/4	2004/5	2005/6	2006/7
Grupo 1	12→	12→	12		
Grupo 2		16→	16→	16	
Grupo 3			22→	22→	22
Total por ano	12	28	50	38	22

Tabela 3: Tamanho dos grupos de professores iniciantes por ano para cada comunidade

Um ciclo completo de atividades matemáticas para mentores e professores iniciantes já se completou. O componente matemático dos cursos regionais de formação é organizado e conduzido por consultores[11] do Projeto, auxiliados pelo seu diretor. As áreas de Matemática são as de números e operações numéricas, medida e geometria, probabilidade e análise de dados.

[11] Dr. Joseph Zilliox, professor do Institute for Teacher Education, College of Education, University of Hawai'i-Manõa e Dr. Lesley Lee, especialista em Programas de Matemática, Pacific Resources for Education and Learning (PREL). Dr. A. J. (Sandy) Dawson é o pesquisador-chefe e diretor do Projeto.

Todas as sessões de conteúdo matemático focalizam abordagens baseadas em padrões que envolvem atividades manipulativas, representações múltiplas e uma forte ênfase em padrões de processos, conforme definido pelos *Padrões do Pacífico*[12]. Tipicamente, as tarefas são escolhidas e organizadas para satisfazer os seguintes objetivos:

- Apresentar atividades que incluam oportunidades para a descoberta, a resolução de problemas, a proposição de generalizações e a justificação de conclusões, comunicando-as em grupos grandes e pequenos;
- Engajar os participantes de níveis muitos diferentes de compreensão e definir quem pode ensinar nos vários estágios da grade curricular;
- Satisfazer a várias estratégias pedagógicas, tais como estar aberto ao pensamento dos estudantes, ouvir suas explicações, propor perguntas que ampliem sua compreensão e construir conhecimentos sobre representações múltiplas.
- Construir a autonomia dos participantes sobre como as atividades podem ser usadas no desenvolvimento de suas estratégias.

As atividades são sequenciadas de maneira a mudar da posição de oferta de modelos de atividades para a posição em que os participantes proponham perguntas e ideias sobre como aquela atividade poderia ser trabalhada. Os objetivos são estabelecidos pelo desenho e pela implementação dos cursos. A maioria das atividades escolhidas é complexa e se move rapidamente da simples manipulação para a resolução de problemas e generalizações. A intenção não é que mentores ou iniciantes tomem as atividades conforme são apresentadas e as usem diretamente com os alunos, uma vez que as tarefas precisam ser revisadas ou classificad as em sequências apropriadas ao ensino infantil. As atividades são selecionadas para servir como modelos de toda uma classe abarcando níveis distintos da grade

---

[12] *Op cit.* Pacific Standards

curricular e habilidades. Alguns participantes, inicialmente, pareciam esperar levar as atividades tal qual eram apresentadas diretamente para a sala de aula, mas, ao longo do curso, parece ter havido um movimento da direção de uma visão mais ampla sobre o papel dessas atividades.

Resultados e Discussão

Dados usados para averiguar o impacto do Projeto nos mentores, nos iniciantes, nos professores experientes e seus estudantes estão sendo agregados, articulando-se pré-testes e pós-testes de conteúdo matemático, pré-questionários e pós-questionários de atitudes e convicções, de entrevistas em grupo e individuais, de videoteipes de professores em sala de aula, de dados de observações feitas pela equipe de projeto e consultores, e dados de testes de desempenho dos estudantes. As evidências coletadas até agora sugerem um forte indicativo de que os mentores e os professores cresceram em seu conhecimento e sua efetividade na implementação da instrução baseada em padrões. Além disso, os estudantes das ilhas do Pacífico estão obtendo melhores notas em suas avaliações.

Evidências de entrevistas e questionários apresentam um forte indicativo de que o conhecimento de conteúdos de Matemática e de Pedagogia dos membros da equipe foi ampliado e aprofundado. Relatórios sobre os professores, avaliações dos cursos locais e testemunhos do pessoal dos departamentos/ministérios atestaram a efetividade das oficinas que as equipes conduziram em suas comunidades locais. A estrutura e o formato dos cursos demonstraram que as equipes entenderam o processo de mudança e usaram esse conhecimento para implementar estratégias efetivas de ensino com abordagens matemáticas baseadas nos padrões. Os dados anteriores e os posteriores, ambos em termos de crescimento matemático de mentores e iniciantes e de suas atitudes e convicções sobre o ensino de matemática, revelam ganhos significativos.

Os resultados de testes aplicados às comunidades selecionadas indicam que a compreensão dos estudantes está crescendo.

Mudanças surpreendentes foram notadas particularmente em Chuuk, Kosrae, Palau e Pohnpei, embora em todas as comunidades tenha sido notado um aumento no nível de notas nas avaliações.

Os mentores se juntaram em 1999 com grandes esperanças, embora cientes de que os projetos na região do Pacífico não tinham obtido grande sucesso no passado. Estes mentores são os que mudaram essa história. Eles todos se integraram no propósito do funcionamento de equipes profissionais de desenvolvimento, do engajamento de outros de suas comunidades educacionais locais em um estudo enriquecedor sobre ensino e aprendizagem de Matemática e ganharam o respeito de seus pares e supervisores no processo. Graças ao êxito desses mentores o projeto é um sucesso.

Referências

Asian Development Bank. *Human resource development in Micronesia: An assessment of the context and condition of education and training*. Manila, Philippines: Author. 1995.

Asian Development Bank. *Key indicators of developing Asian and Pacific countries 2000*, v. XXXI. Hong Kong: Oxford University Press (China), Ltd. 2000.

Baldwin, C. *Calling the circle: the first and future culture*. New York: Bentam, 1998.

Central Intelligence Agency. *(2000). The world fact book 2000* [Online]. Available: <www.odci.gov/cia/publications/factbook>.

Hezel, F. X. (2000). *Statistics on education in Micronesia*. Retrieved April 2001. Available: <www.micsem.org/ie/publications/social.htm>.

Pacific Resources for Education and Learning (PREL). *Retention and attrition of Pacific school teachers and administrators (RAPSTA) study: a compilation of reports*. Honolulu, HI: Research and Development Cadre. 1999.

Capítulo IV

Usando o não familiar para problematizar o familiar[1]

Abraham Arcavi

Alan Schoenfeld

Com base em um modelo teórico do processo de ensino (Schoenfeld, 1998, 1989) desenvolvemos uma oficina desenhada para oferecer ferramentas analíticas com as quais professores pudessem refletir sobre uma variedade de práticas docentes. Duas rodadas dessa oficina foram implementadas em Israel com líderes de professores e com educadores matemáticos. Durante os eventos, os participantes assistiam coletivamente a videoteipes com exemplos de decisões e de ações pedagógicas. As fitas, quatro das quais do TIMSS[2], sobre salas de aula americanas e japonesas, serviram como estímulo às discussões. Os comentários espontâneos dos participantes resultaram em várias discussões entre os membros da oficina. O coordenador (o primeiro autor) tentou orientar o trabalho a partir de um conjunto de perguntas previamente elaboradas, relativas a assuntos sobre o conhecimento, as metas e as convicções do professor. Inicialmente, dois tipos principais de comentários predominavam: "avaliativos" e "orientados à pesquisa". À medida que a oficina

[1] Este capítulo é baseado num artigo apresentado na AERA (American Educational Research Association) em 2003, em Chicago, EUA.

[2] N.T.: A organização Trends in International Mathematics and Science Study (TIMSS) é uma organização internacional dedicada a conduzir estudos comparativos na área da Educação Básica.

progredia, em grande parte devido a um redirecionamento ostensivo promovido pelo coordenador, desenvolveu-se um terceiro e potencialmente mais produtivo modo de análise. Neste capítulo, descreveremos brevemente o desenho das oficinas, os cenários nos quais foram implementadas e os dois principais "modos de observação" e de comentários. Em seguida, descreveremos o terceiro modo, com suas dificuldades iniciais e seus aspectos produtivos. A impressão que tivemos é que professores e pesquisadores podem ser induzidos a pensar sobre o porquê de outros professores (e, talvez, eles mesmos) perpetrarem movimentos instrucionais particulares, assim como podem se engajar substancialmente nos papéis do conhecimento, das metas e das convicções que moldam as escolhas instrucionais docentes.

Professores e Ensino – uma base histórica parcial

O processo de democratização da Educação no mundo ocidental (pelo menos em algumas de suas regiões) começou em algum momento durante o século XIX. Até então, a Educação Matemática era, em geral, dedicada ao treinamento de poucos: futuros matemáticos, cientistas e engenheiros. A tarefa estava nas mãos dos "mestres", que eram, eles mesmos, pesquisadores e com foco principal na preparação de novas gerações de "mestres" e de pesquisadores. Desse modo, a Matemática em si era a principal (e, provavelmente, a única) preocupação. Isso não impediu que alguns desses mestres (por exemplo, Wallis, Euler, Saunderson) implicitamente usassem abordagens "pedagógicas" para organizar suas exposições. Durante a segunda metade do século XIX, a Matemática (que em grande parte se concentrava na Aritmética) e outras disciplinas começaram a ser ensinadas a uma população mais ampla. Assim, o ensino de Matemática começou a se tornar uma ocupação em si mesma, separada da profissão do matemático. Tornar-se um professor começou a exigir uma formação distinta, primeiramente em estudos organizados pré-serviço e, em seguida, incorporando componentes em serviço.

A formação em serviço do professor, reconhecida como importante muito cedo, sofreu mudanças drásticas desde o seu início:

- Durante as últimas décadas do século XIX e as primeiras do século XX, a supervisão era uma força importantíssima "de grande influência na formação continuada de professores [...] a função dos supervisores era [...] compelir ao cumprimento das regras e transmitir seus conhecimentos superiores aos professores" (Gibb *et al.*, 1970, p. 314).
- "A segunda metade do século XX viu uma série sem precedentes de forças direcionando a atenção dos formadores para a necessidade de aprimorar o embasamento e a eficiência dos professores em serviço" (Gibb *et al.*, 1970, p. 339). Um dos maiores imperativos era atualizar o conhecimento de Matemática dos professores a fim de que ensinassem sob novos currículos: "Dada a situação atual de mudanças curriculares – que podem amainar, mas é improvável que cessem – um critério importante que o treinamento docente deve satisfazer é que o professor esteja apto a ensinar um programa que difira substancialmente daquele aprendido por ele na escola – e que durante sua carreira docente ele possa se adaptar ao processo continuado de mudança" (Bruckheimer; Hershkowitz, 1983, p. 127).
- Quando as capacidades pedagógicas começaram a capturar a atenção como um tópico de estudo, muitas atividades em serviço foram dedicadas a polir as "habilidades de ensino" e a implementar comportamentos desejáveis (por exemplo, o microensino[3]). O pressuposto era que

[3] Microensino é uma técnica de treinamento de professores, largamente utilizada nos anos 1960 e 1970, com a finalidade de decompor o ato pedagógico global em habilidades gerais exercitáveis, observáveis e mais precisamente definidas (p. ex. decompor um dado conteúdo em "unidades compreensíveis", medindo os passos ao longo da comunicação, fazendo resumos frequentes, usando o quadro-negro e outros recursos de sala de aula de um modo organizado, exercitando a paciência no que tange aos tempos de resposta mais longos dos estudantes, usando avaliação

determinados comportamentos e técnicas seriam merecedores de replicação e que tais replicações promoveriam a melhoria do ensino (Sparks; Loucks-Horsley, 1990).

- Durante as últimas duas décadas, três desenvolvimentos principais influenciaram profundamente a formação em serviço do professor: resultados de pesquisas que avançaram na compreensão da cognição do estudante e no funcionamento da sala de aula, as reformas educacionais orientadas por padrões e os avanços teóricos no conhecimento e na tomada de decisões do professor (e.g., Shulman, 1986). O próprio nome "em serviço" (sem falar em "treinamento") deu lugar à caracterização mais geral de "desenvolvimento profissional do professor", às vezes complementado com o adjetivo "continuado" ou "progressivo". Ball e Cohen (1999) resumiram as profundas mudanças que tal desenvolvimento profissional deveria implicar: "muito aprendizado seria exigido da maioria dos professores para que estivessem aptos a produzir o tipo de ensino e a promover o tipo de aprendizagem que os responsáveis pela reforma visualizaram, já que nenhum desses objetivos é fácil de ser atingido. Esse tipo de ensino e de aprendizagem demanda que os professores se tornem sérios aprendizes dentro e ao redor de suas práticas, em vez de acumular estratégias e atividades." (Ball; Cohen, p. 4)

Assim, hoje em dia, o foco pretende ser muito mais amplo do que jamais foi: na formação profissional do professor, conteúdo e pedagogia devem ir além do conhecimento de Matemática, do exercício de certas técnicas pedagógicas, do conhecimento do currículo e do conhecimento das dificuldades do

---

não verbal, etc.). O microensino foi usualmente praticado em uma situação pedagógica limitada em termos de tempo (episódios de 10 a 15 minutos), número de habilidades praticadas e número de estudantes. Às vezes, os próprios colegas professores agiam como estudantes e, depois da aula, engajavam-se em uma análise dos pontos fortes, fracos e dos aspectos que poderiam ser melhorados no processo. O microensino tem o crédito de ter sido uma dos palcos mais antigos para o uso de videoteipes na formação do professor.

estudante. Desenvolvimento profissional inclui todas as anteriores, mas, certamente, muito mais. Ele visa ao "profissionalismo" que abarca todas "as tarefas internas de uma profissão e a preocupação de seus profissionais em fazer o melhor trabalho possível para seus clientes" (Noddings, 2001, p. 102). Ele também implica "descobrir maneiras de usar a prática como um espaço de investigação, visando centrar a aprendizagem profissional na prática" (Ball; Cohen, 1999, p. 19). Como tal, ele certamente inclui o desenvolvimento de ferramentas profissionais como reflexão, análise e tomada de decisões com base em informações.

Professores e ensino – uma base teórica parcial

> Considere o que acontece em algum momento de uma aula, sob a perspectiva do professor. Observe que este leva para a sala de aula um corpo significativo de conhecimentos. Isso inclui conhecimento do conteúdo, do ambiente escolar, dos estudantes e de sua história com eles. Em um nível mais refinado, inclui também várias rotinas, roteiros e esquemas para lidar com o conteúdo e com os processos em sala de aula. Da mesma forma, o professor traz consigo um conjunto complexo de convicções sobre a escola, os estudantes e o conteúdo. Ele tem metas gerais, planos para a instrução e os estudantes, metas específicas e planos para a aula e as partes que a compõem. Além disso, muitas destas metas estão ligadas a "planos de ação", mecanismos com os quais o professor espera alcançar esses objetivos. Mas agora estamos em sala de aula com a lição em jogo. Algo acontece. Poderia ser um segmento da aula que tivesse sido concluído conforme o planejado. Poderia ser um estudante que estivesse no meio de um problema (de maneira correta ou não) no quadro-negro. Poderia ser que uma questão inesperada tivesse acabado de surgir. A pergunta, dada nossa compreensão do professor, do contexto e das limitações circunstanciais é: Algo aconteceu. O que fará o professor em seguida, e (mais importante) por quê? (Schoenfeld, 1998, p. 2).

Essa citação ilustra o escopo e os componentes principais do modelo teórico de Schoenfeld. A ideia central do modelo é que é possível descrever, explicar e predizer a tomada de decisão e as ações do professor durante o ensino, com base em seu **conhecimento**, suas **convicções** e suas **metas**.

Durante os últimos vinte anos, a literatura sobre o professor e o ensino tem extensivamente identificado e descrito o conhecimento, as convicções e as metas dos professores. Schoenfeld propõe ir alguns passos além e descrever o modo como esses elementos interagem. Ele apresenta descrições e modelos desse mecanismo em um nível bastante refinado.

Uma descrição e uma discussão detalhada de sua teoria estão além do escopo e dos objetivos deste capítulo. Nosso propósito é indicar como seus principais construtos (conhecimento, convicções e metas) inspiraram e guiaram o desenho e a implementação do que Ball e Cohen (1999) chamam de "um currículo para a aprendizagem profissional" (p. 20) e "uma pedagogia para o desenvolvimento profissional" (p. 25), ambos fundamentados dentro e ao redor do estudo da prática.

A ideia geral é a seguinte: sob o pressuposto de que conhecimento, convicções e metas interagem para moldar o ensino produzido pelos professores (portanto, para moldar muito do que os estudantes aprendem), segue-se que os programas para o desenvolvimento do professor deveriam significativamente envolver consciência explícita, reflexão e discussões sobre conhecimento, metas e convicções dentro e ao redor da prática. Se desenvolvimento profissional significa crescimento e mudança, parece essencial trazer à cena principal o que (consciente ou inconscientemente) subjaz à conceitualização da prática e sua implementação.

Uma breve digressão sobre um ponto fundamental: alguns leitores podem contestar nossa identificação de "mudança" como uma meta principal para programas de desenvolvimento docente. Argumentaríamos que a Educação e, certamente, a Educação Profissional, trata precisamente de intervenções destinadas a apoiar e guiar o crescimento, a aprendizagem e o desenvolvimento. Um aspecto fundamental da aprendizagem e do desenvolvimento é a mudança – mudança em sentido amplo, e não necessariamente na conotação estreita que remete ao domínio de técnicas ou de conhecimento novo. A mudança deve incluir, por exemplo, a adoção de novos instrumentos para examinar (ou se reexaminar) as próprias práticas. O uso de novos instrumentos para a reflexão pode levar à conscientização e à explicitação de determinantes subjacentes ao que se pensa, se planeja e se faz. Isso pode conduzir a mudanças nas práticas ou a uma consciente e fundamentada aderência às práticas antigas. Propomos que ambos os casos se qualificariam como "mudanças" e não apenas quando houvesse uma troca óbvia e observável de práticas. Assim, os professores se tornam conscientes e produtores de decisões consistentes sobre sua prática e se tornam autorizados a produzi-la de maneira muito mais informada.

Como se pode apoiar esse tipo de aprendizado? Como os professores podem se tornar familiarizados com ferramentas analíticas novas, confortáveis e proficientes em seu uso? Como em qualquer empreendimento educacional, isso requer a concepção de intervenções bem desenhadas. Tais intervenções podem se valer bastante das intuições, da sabedoria coletiva e das necessidades autopercebidas. Contudo, uma vez que seu alvo é a aprendizagem significativa, elas devem ser fundamentadas em pesquisas e teorias, expostas à autocrítica, examinadas por pares e testadas cuidadosamente.

O propósito deste capítulo é apresentar e descrever os primeiros passos de tal intervenção inovadora para programas de desenvolvimento do professor. Seu desenho é baseado na teoria e seu objetivo é oferecer aos professores instrumentos analíticos poderosos para o desenvolvimento e o crescimento profissional. O uso reflexivo dessas ferramentas autorizaria os professores a repensar, revisar e sustentar suas práticas. Começaremos descrevendo brevemente o processo e a lógica do desenho de uma oficina para professores a partir da teoria; em seguida, descreveremos a própria oficina e partes de duas de suas implementações, enquanto apresentamos alguns dados sugerindo o modo como funcionaram.

Da Teoria para o Projeto

Há várias maneiras como uma teoria pode influenciar a prática educacional em geral e o desenho de intervenções educacionais para o desenvolvimento profissional de professores em particular. Em nosso caso, procuramos uma resposta à seguinte questão: se a tomada de decisões e as ações do professor são determinadas em grande parte pelo seu conhecimento, convicções e metas (e suas interações), como poderia a reflexão sobre estes fatores se tornar a parte central de uma atividade de desenvolvimento profissional significativa?

Uma possível primeira resposta é que os professores deveriam aprender sobre conhecimento, convicções e metas. Porém, essa resposta geral não nos levaria muito longe, já que nos remeteria a outras perguntas: o que significa aprender isso? Tornar-se familiarizado com construtos teóricos? E como os professores devem aprender sobre isso?

Estava claro, desde o começo, que não visaríamos um curso acadêmico (semelhante a aqueles dirigidos a pós-graduandos). Sem considerar sua pedagogia, o propósito não era a familiarização com aspectos teóricos ou nuances das ideias tampouco sua aplicabilidade à pesquisa. A definição de construtos, as complexidades da teoria e os modos como isso funciona na análise dos dados levaria os professores, na melhor das hipóteses, a uma reação fria. O desafio era projetar uma oficina na qual os construtos "conhecimento, metas e convicções" se tornassem ferramentas operacionais para a análise e para a reflexão sobre práticas registradas observáveis, em ambos os casos considerando questões relacionadas ao conteúdo e à natureza da aprendizagem.

Entendemos que as perguntas a ser discutidas, concernentes aos assuntos de conteúdo, deveriam incluir o seguinte: O que é importante sobre a Matemática e por quê? O que os professores focalizaram matematicamente nas aulas gravadas em vídeo? (Que conteúdo, que processos? Sua abordagem foi orientada para os conceitos ou para os procedimentos? Que mensagens – talvez implícitas – o ensino transmitiu no que se refere ao que significa aprender e fazer Matemática?). Haveria possibilidades diferentes daquelas que foram escolhidas; em caso positivo, o fato de não terem sido eleitas revelaria o que sobre visões e conhecimento de Matemática? Quais poderiam ter sido as razões subjacentes que contribuíram para que um caminho particular fosse escolhido e não outros?

No que se refere à aprendizagem, acreditamos que as perguntas deveriam contemplar as visões dos professores sobre quem são seus estudantes e o que podem fazer, e, sobre os "climas em sala de aula" que os professores promovem. Que visões de aprendizagem são refletidas pelas ações dos professores? Haveria outras visões possíveis, e como seriam refletidas no ensino? O que revelam as práticas em sala de aula no que se refere ao que os professores imaginam que seus estudantes são capazes de aprender (ou que deveriam aprender)? O que isso diz sobre suas metas para os estudantes? Que "lições" (esperadas ou não) esses poderiam estar aprendendo a partir dessas experiências em sala de aula? Como conteúdos e processos são vistos pelos estudantes?

Estava claro para nós que esses tipos de perguntas deveriam ser fundamentadas em episódios pedagógicos muito específicos registrados em vídeo. O videoteipe permite observar os mesmos episódios várias vezes, de maneira que detalhes não notados previamente ou diferentes focos podem se tornar perceptíveis. É possível estudar o mesmo vídeo através de múltiplas lentes, bem como comparar múltiplos e variados vídeos por uma mesma lente (Seago, 2000).

Falar abertamente sobre a profissão do magistério com colegas e, especialmente, com acadêmicos (para os quais o ensino é um objeto de estudo) é sempre uma questão delicada. Para que tais conversas sejam produtivas, é necessário criar uma atmosfera de confiança e segurança. Para esse propósito, um possível ponto de partida podem ser vídeos de aulas de outros professores, que carregam distanciamento suficiente para permitir comentários livres e sem constrangimentos. Mais cedo ou mais tarde, se a confiança for estabelecida, deverá ser possível o engajamento em discussões sobre as práticas dos próprios participantes em relação a seus conhecimentos, metas e convicções (nossas oficinas não alcançaram esta fase). Para o nosso projeto, selecionamos sete videoteipes disponíveis ao público em geral sobre aulas de Matemática. As fitas incluíam duas aulas de Geometria do Japão e dos EUA (tomadas de vídeos do TIMSS), duas aulas de Álgebra do Japão e dos EUA (também do TIMSS) e vídeos de Wilcox e Lanier (2000).

O desenho das questões incluiu um prolongado processo, pelo qual assistimos às fitas várias vezes, consideramos questões para discussões (e simulamos possíveis discussões docentes), compartilhamos nossas ideias com colegas, fizemos testes-piloto em "sessões" com um professor voluntário e redesenhamos as perguntas e as sequências adequadamente. Cautelosos com o fato de que esse tipo de oficina seria uma experiência totalmente nova, e cientes de que o modo como seria administrada poderia ser crucial para seu sucesso, decidimos realizar as primeiras experiências muito cuidadosamente.

Implementação e Resultados

Os participantes

As primeiras oficinas – partes das quais serão relatadas a seguir – aconteceram em Israel, onde os vídeos de salas de aulas americanas, embora não totalmente desconhecidos, eram bastante "distantes" (as salas de aula japonesas eram completamente desconhecidas para a maioria). Decidimos realizar as oficinas com um público selecionado: educadores matemáticos, desenvolvedores de currículos, professores especialistas (que já tinham eles mesmos, gerenciado oficinas e se submetido a muitas horas de desenvolvimento profissional) e estudantes de pós-graduação. Todos tinham vasta proficiência no ensino e já eram suficientemente "veteranos" para resistir à experiência.

As oficinas foram introduzidas como uma experiência piloto voltada para o desenvolvimento de novos instrumentos de reflexão sobre o ensino de Matemática. O pressuposto era que os professores tomam decisões com base em seus conhecimentos, metas e convicções, mesmo que não estejam cientes delas. Nosso trabalho consistiria em tentar entender em conjunto como esses fatores subjazem e determinam as principais ações do professor em aula. Esse propósito teve de ser periodicamente repetido ao longo da oficina à medida que a discussão tomava outras direções - não necessariamente aquelas pretendidas por nós. Assim, o trabalho se desenvolveu com várias visualizações e discussões sobre os vídeos mencionados.

Os materiais

A aula japonesa de geometria

A aula japonesa mostra uma classe trabalhando em dois problemas relacionados. Resolvê-los exige uma extensão não trivial de uma propriedade estudada na aula anterior: a que afirma que todos os triângulos de mesma base e cujos terceiros vértices jazem em uma reta paralela a essa base e possuem a mesma área (a "propriedade da área constante").

O professor começa lembrando essa propriedade à turma usando uma demonstração visualmente dinâmica (sem recorrer a fórmulas) e, então, propõe o primeiro problema: substituir os dois segmentos de reta consecutivos que dividem as duas partes de terra representadas na figura a seguir por um segmento de reta único de maneira a preservar a área original de cada parte.

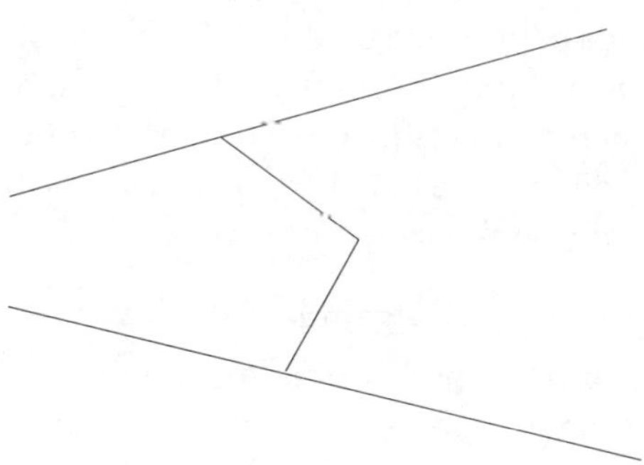

Ou seja, o problema pede que a linha "quebrada" seja substituída por uma linha reta, de maneira que não haja ganho nem perda de área em cada lado. O professor inicia a discussão "ilustrando" como a solução poderia se parecer. Ele coloca uma régua em cima da fronteira quebrada, como uma solução aproximada e, então, desliza a régua e pede aos alunos que sugiram a posição que determinaria a solução. Em seguida, convida os estudantes a trabalhar individualmente no problema enquanto circula pela classe fazendo comentários sobre o problema com cada aluno. Depois disso, embora não explicitamente mostrado no vídeo, os estudantes trabalham em grupos. Só então é que ocorre uma discussão na classe por meio da qual os alunos apresentam suas soluções. A segunda parte da aula é sobre a resolução de um outro problema (que também pede uma solução com base na propriedade da área constante): transformar um dado quadrilátero em um triângulo de mesma área.

A aula japonesa de álgebra

Boa parte do vídeo é dedicada a um único problema, escrito no quadro pelo professor: "Você pretende comprar um total de 10 pedaços de bolo que custam ¥230 e ¥200, respectivamente, de modo que o custo não exceda ¥2100. Como os pedaços de ¥230 são mais saborosos, você pretende comprá-los tantos quanto puder. Qual o maior número desses bolos que você poderia comprar?" O professor pede aos estudantes que apresentem abordagens diferentes para resolver o problema. A primeira, apresentada por um dos alunos, é a da tentativa e erro. A segunda, que alguns dos nossos participantes chamaram de "lógica", é apresentada pelo professor. A terceira, a simbólica, é apresentada por outro aluno. O professor dedica muita atenção à avaliação dos diferentes métodos de solução em termos de eficiência e generalidade, além de tentar gerar entusiasmo pelo poder dos procedimentos simbólicos.

A aula americana de álgebra

Essa aula tem duas partes: uma em que alguns problemas são revisados, e outra na qual os estudantes trabalham individualmente. Nas duas seções, os tópicos de Matemática são diferentes.

Descrevemos aqui apenas a primeira parte, focalizando os seguintes problemas de "aquecimento" em que o professor solicita respostas, e os alunos respondem.

1. Qual é o maior n inteiro para o qual $2^n > n!$?
2. Encontre o número de centímetros cúbicos do volume de um paralelepípedo cujas faces – lateral, frontal e de base – são retângulos de áreas 12 cm^2, 8 cm^2 e 6 cm^2, respectivamente. (Sugestão: desenhe uma figura)
3. Encontre um par ordenado de inteiros (a, b), a > b, tais que $a^b + b^a = 100$.
4. Qual é o quociente da divisão de $6x^{2a+b-c}$ por $3x^{a+2b+3c}$?
5. $\frac{1}{x-7} + \frac{1}{x^2-49} =$
6. $\frac{5}{x+6} - \frac{2-x}{x+6} =$

Alguns Resultados

A primeira jornada da oficina foi "intensiva": 12 horas ao longo de três dias consecutivos durante o verão. A segunda foi de 8-9 horas em um período de três meses. As oficinas não foram gravadas em vídeo, mas um observador tomava notas, e o coordenador escrevia algumas observações imediatamente após cada sessão. No que segue, relataremos resultados confluentes de ambas as experiências.

A maioria dos participantes esteve engajada todo o tempo e as discussões foram vibrantes. Ao longo da implementação da oficina, tornaram-se mais claros que tipos de discussões podiam ser produtivas, os porquês, e o que é necessário para sustentá-las.

No começo, durante as discussões das fitas, puderam ser identificados dois pontos de vista principais nos comentários feitos pelos participantes: o ponto de vista de pesquisa, e o "discurso avaliativo". Só mais tarde, uma terceira perspectiva emergiu lentamente.

O ponto de vista do pesquisador

Pode-se afirmar que há muitas tradições de pesquisa, portanto muitos modos de analisar dados e produzir resultados.

Não é nossa intenção aqui discutir essas diferenças, mas em particular estabelecer algumas características comuns do "ponto de vista do pesquisador" quando este assiste a vídeos e, mais especificamente, ao assistir às fitas. Conforme mencionado, alguns participantes eram pesquisadores. Suas visões compartilharam um "ponto de vista" comum: os vídeos eram considerados como dados sujeitos a interpretação que, por sua vez, pode gerar resultados (ou de construtos ou de fenômenos de certa generalidade).

Os comentários das pessoas que sustentavam esse ponto de vista eram do seguinte tipo (parafraseados visando à tradução para o inglês):

- **Reclamações sobre os dados:**

As fitas do TIMSS foram editadas. Elas apresentam partes da aula e omitem muitas outras, sem mencionar o fato de que não há um sentido claro da sequência de aulas que precederam a aula gravada. Por exemplo, na aula japonesa de geometria é difícil saber se a propriedade dos triângulos já tinha sido aplicada a outros problemas mais simples. Na japonesa de Álgebra não há nenhuma referência sobre o ponto do conteúdo da disciplina em que a classe estava, uma vez que os estudantes apresentaram soluções com níveis de sofisticação bastante variados (uma solução com base em tentativa e erro *versus* um desenvolvimento simbólico completo). Na aula americana não há nenhuma referência às razões pelas quais problemas aparentemente distintos foram agrupados. Claramente, o foco das fitas está em algumas ações do professor. Contudo, não há muito nos vídeos sobre as ações dos estudantes, portanto tudo o que se disser sobre os professores será, na melhor das hipóteses, especulativo. Não há possibilidades de triangulação, tampouco de assistir estudantes e professores em questionamentos sobre a aula.

- **Reclamações sobre a direção da oficina:**

Que tipos de questões (isto é, perguntas de pesquisa) esses vídeos podem levantar e que, possivelmente, valessem a pena ser exploradas? Em outras palavras, o que se pode aprender dessas fitas, em termos de ensino e aprendizagem, que já não fora relatado em outras pesquisas?

- **Uso de construtos para a análise:**

Como podem o conhecimento, as convicções e as metas ser construtos úteis para analisar esses vídeos?

Em suma, as pessoas que detinham uma perspectiva de pesquisa estavam procurando por substância nesses vídeos da qual pudessem construir conhecimento novo em Educação Matemática, que pudesse ser relatado, discutido e defendido em algum fórum de pesquisa com colegas pesquisadores. A principal dificuldade aqui era que os dados foram considerados, na maioria das vezes, inapropriados para esse tipo de análise, mesmo antes que um quadro teórico pudesse ser escolhido ou desenvolvido.

O "discurso avaliativo"

Tomamos emprestado esse termo (de SEAGO, 2000; veja também NEMIROVSKY *et al.*, submetido para publicação[4]) para descrever um segundo ponto de vista, a partir do qual muitos participantes assistiram às fitas. Esse ponto de vista inclui "questões de valores, de julgamentos e de comprometimentos" (SEAGO, 2000, p. 32), ou, em outras palavras: o que é desejável, o que pode ser melhorado, o que é "pedagogia ruim", o que eu teria feito de maneira diferente e por quê? Uma das orientações principais que propusemos como um recurso para o assistir das fitas era: "considere modos alternativos". Essa orientação foi desenhada para estimular discussões, mas acabou sustentando o discurso avaliativo.

Por exemplo:

- Participantes que trabalhavam com ferramentas tecnológicas no desenho de atividades em geometria lamentaram que o professor japonês não tivesse feito um uso mais

[4] Certamente há muitas outras fontes que usam esta expressão.

intenso da tecnologia que estava disponível para lidar com o problema. Eles começaram a esboçar uma proposta sobre como a ferramenta tecnológica poderia ter sido mais "efetivamente" ou mais intensamente utilizada.

- O uso da régua para ilustrar a solução na aula de geometria pode ter enganado os estudantes e focalizado suas atenções para a tentativa de uma solução "empírica".
- Os comentários individuais desse mesmo professor com os estudantes foram essencialmente direcionamentos de trabalho, isto é, sugestões cujo objetivo era fazê-los avançar na direção de soluções esperadas, em lugar de perguntas do tipo "como você chegou aí?" e "para onde seu trabalho está se encaminhando?".
- Os participantes acostumados a discutir a importância das representações múltiplas em suas aulas de Álgebra foram bastante críticos em relação ao professor japonês que não tentou nem apresentou uma abordagem gráfica (cartesiana) para resolver o problema dos bolos. Essa falha foi especialmente percebida como séria, uma vez que (dada a importância dos gráficos cartesianos) o ponto principal da aula era discutir vantagens e desvantagens de diferentes abordagens para a resolução do problema.
- O professor na aula japonesa de álgebra falava demais.
- A aula de Álgebra parecia encenada. O professor obtém as respostas que precisa e na ordem em que as deseja para o cumprimento de sua agenda. Elas se desvelam como parte de uma hierarquia de soluções, partindo da mais elementar para a mais geral – de forma que ele pode facilmente construir a moral da história pretendida. Na maioria das aulas, isso não funcionaria assim.
- A aula americana, especialmente na primeira parte, foi vista como uma sequência desconexa de exercícios discrepantes. Ainda que algumas das perguntas fossem consideradas "boas", não havia nenhuma mensagem clara nem coerência entre os tópicos.

Os exemplos anteriores ilustram dois modos bastante diferentes de assistir aos vídeos com agendas distintas. Uma forma de caracterizar esses modos seria considerar os produtos perseguidos pelos participantes. Em geral, o pesquisador poderia querer descobrir e explicar um fenômeno novo propondo um construto teórico para melhorar uma teoria existente ou tentar construir uma nova; ou poderia propor uma metodologia nova e "produtiva". Professores que formam professores ou planejam currículos, que sustentavam o ponto de vista "avaliativo", buscariam uma aula "boa" (que dependeria, claro, dos valores pedagógicos de cada um) e tenderiam a contrastar alternativas para procurar "a melhor". Esse modo nem sempre é importante. Às vezes, ele pode mostrar solidariedade ao professor ("considerando a situação e as limitações, que não entendemos muito bem, o professor provavelmente fez o melhor que pôde"), mas, mesmo assim, o comentário é de julgamento.

Discussões analítico-reflexivas

Da perspectiva do coordenador dessas oficinas, o propósito não era adotar / desenvolver / compreender um desses dois pontos de vista, tampouco construir uma ligação entre eles. Estava claro que discussões nesse sentido teriam levado a oficina para longe de sua meta originalmente prevista, que era propor e experimentar o uso de construtos (teóricos) como instrumentos analíticos para promover a reflexão. Para aquele propósito, uma nova e diferente perspectiva precisaria ser cultivada, qualificada como produtiva e exercitada.

Exemplo 1: A aula japonesa de Geometria

Quando o professor na aula japonesa de Geometria utilizou a régua para ilustrar possíveis posições da cerca que substituiria a original, alguns participantes da oficina objetaram que aquela ação poderia ter induzido os estudantes a prosseguir com uma "solução empírica". O coordenador da oficina propôs a seguinte questão: "Qual teria sido a intenção do professor, considerando que partimos do pressuposto de que ele trabalhou no melhor interesse de seus alunos?" Tal pergunta não exime totalmente o professor das desvantagens potenciais de sua ação, mas redirige a discussão para o que poderia ter sido a meta subjacente ou a convicção do professor. Respostas a essa pergunta podem ser julgadas plausíveis ou não, dependendo da consistência entre as metas e as convicções atribuídas ao professor com suas respectivas ações. Tal análise não focaliza a produtividade dessas ações nem pode ser sustentada por quaisquer dados extras (até porque não estão disponíveis). Assim, isso leva os pontos de vista já discutidos a um novo território.

Essa apresentação foi útil para a emergência de um novo modo de discussão, conforme evidenciado pelos seguintes comentários:

- O professor poderia querer ter certeza de que os estudantes têm um senso visual de compensação de áreas, portanto um apreço por uma solução que pareça sensata. O que pareceria visualmente plausível aos estudantes poderia ser importante para esse professor, pois pode implicar que ele avalia o bom senso e acredita que é importante dispor de uma âncora, a partir da qual é possível julgar se a solução (quando obtida) está dentro do esperado.

Assim, as ações de um professor podem implicar convicções e metas específicas, um ponto que vale a pena ser discutido. Se fôssemos adotar uma perspectiva de pesquisa, essa possível interpretação do que estaria subjacente à ação do professor precisaria ser materializada em dados, de maneira que interpretações alternativas pudessem ser descartadas com um alto nível de certeza. Se fôssemos adotar a instância avaliativa, aplaudiríamos ou descartaríamos essa ação. Contudo, um comentário propondo uma especulação plausível sobre uma convicção ou meta subjacente pode ser vista completamente sob uma outra luz: pode ser útil como uma exploração preliminar do possível espaço de razões subjacentes que os professores possuem para justificar determinadas ações. O exercício intelectual de propor que uma ação pode ser consistente com certas metas ou convicções e torná-la explícita (mesmo se não puder ser provada como "certa") era o tipo de exercício que queríamos encorajar, pois ele aprimora a reflexão e a análise. Além disso, comentários como esses podem enriquecer ainda mais a discussão, como aconteceu nas oficinas. Em contraposição, uma reação condenatória apareceu: "assumindo que essa era a intenção do professor japonês, ele ainda estaria negligenciando o fato de que os estudantes poderiam seguir sua ilustração com a régua como um falso caminho, prosseguindo na direção de uma solução empírica (usando tentativas visuais de acerto e erro)".

Nesse momento, o coordenador decidiu tomar uma posição, que Seago (2000, p. 73) descreveria como "tomar os comentários críticos e prosseguir a partir deles". Ele fez a seguinte pergunta: "suponham que o professor tenha considerado o risco de iludir os estudantes e, de algum modo, decidiu se arriscar – por que ele decidiria assim?" Um participante sugeriu que talvez o professor acreditasse que os alunos ainda pudessem fazer a conexão com a propriedade que lhes fora lembrada no começo da aula, mesmo quando: (a) sua aplicação nesse caso não seja direta e (b) haja uma discussão interveniente com potencial de distrair a atenção dos alunos a respeito dessa conexão. As conversas na oficina mudaram, então, para a "distância" entre uma propriedade aprendida e seu uso na resolução de um problema, e como currículos e professores diferentes poderiam tratar dessa questão. Ou seja, a atribuição de certa convicção ao professor causou uma mudança na conversa e gerou a seguinte questão: "quão direta e transparente nós pensamos que a aplicação de uma propriedade matemática deve ser quando pedimos aos alunos para que resolvam um problema que a envolve?" E qual seria a implicação dessa "distância" permissível no que tange ao que e como você acredita que seus alunos são capazes de aprender (ou que devem aprender)? O que isso diz sobre as limitações, talvez tácitas ou não reconhecidas, que se impõem na preparação de uma aula? Desse modo, o foco da conversa mudou, de algum modo naturalmente, para o impacto das convicções sobre as práticas pedagógicas. O vídeo tinha servido como um catalisador para uma discussão produtiva.

Por um lado, a natureza especulativa desse tipo de discussão a libera da necessidade de estabelecer certezas sobre interpretações plausíveis; por outro, remove o foco de "avaliação". Isto move a discussão na direção da análise do que poderia estar subjacente a uma determinada ação ou decisão por parte do professor. Além disso, como o caso mencionado, isso pode se desenvolver na direção de uma discussão explícita de questões e na abertura de espaços para investigação e reflexão. Administrando esse tipo de análise, esperamos um aumento no nível de consciência dos participantes sobre possíveis razões subjacentes a certas ações. Assim, espera-se poder levar a uma autocrítica do seguinte tipo: Por que estou fazendo isso? Que mensagem intencional ou não posso transmitir aos alunos? Qual seria o objetivo, consciente ou não, de tal decisão? E "e se...", ou seja, quais poderiam ter sido as metas de ações e decisões alternativas?[5]

Exemplo 2: A aula norte-americana de álgebra

Padrões semelhantes foram observados nas discussões que seguiram a primeira parte da aula norte-americana de Álgebra. Aqueles que adotaram o ponto de vista de pesquisa viram a sequência de exercícios como uma outra instância do modo de ensino "habilidade-e-exercício"[6], comentando sobre o quão difundido é este tipo de abordagem. No lado "avaliativo" da discussão, os professores foram críticos sobre os modos diferentes como alguns exercícios foram tratados, sobre como oportunidades para apresentar heurísticas foram perdidas pelo professor e até mesmo como uma solução (a=99, b=1 para o problema 3) foi completamente despercebida. Os comentários foram bem-recebidos, mas ainda queríamos continuar desenvolvendo

---

[5] A pergunta "quais são os modos alternativos? "desenvolveu-se gradualmente nas oficinas. No princípio, ações ou decisões alternativas eram apresentadas para provocar contrastes explícitos com opções pedagógicas melhores ou piores. Paulatinamente, os participantes aprenderam a usar essa pergunta como uma ferramenta de análise – entender que especificar decisões/ações alternativas fornece uma janela para um amplo espaço de possíveis metas ou convicções subjacentes. Explorar tal espaço tem também o potencial de desvelar complexidades e conflitos que provavelmente não apareceriam nos dois outros modos de discussão.

[6] N.T.: *"skill- and-drill"*

nosso novo modo de discussão e, para esse propósito, propusemos questões como: "Suponha que um professor esteja agindo no melhor interesse de seus alunos e que tenha tomado uma decisão consciente na escolha desses problemas de aquecimento – quais poderiam ter sido suas metas? Suas convicções? O que ele gostaria que seus alunos tivessem aprendido na aula? "

Um participante sugeriu que o professor poderia ter acreditado que sempre há valor em problemas que podem ser abordados sem muito conhecimento prévio, e é importante estimular o senso de confiança para permitir aos estudantes que resolvam problemas cujas soluções podem ser rapidamente conjeturadas ou abordadas numericamente. De repente, os problemas podem ser vistos sob uma outra luz – eles tiveram um propósito claro e levaram em conta o que o professor pensa que alguns dos estudantes desejam ou precisam em uma aula de Matemática. Outro participante levou a questão mais adiante, afirmando que, algumas vezes, problemas daquela natureza podem (se o professor assim quiser) ativar uma discussão que "se eleva acima do meramente superficial". Por exemplo, pode-se verificar numericamente quando 2^n é maior do que n!, mas discutir argumentos para estabelecer a certeza de que, a partir de um certo valor, esse não será mais o caso. Aqui, a razão do professor para propor tal exercício poderia ser a possibilidade de problemas numéricos simples gerarem questões sofisticadas com as quais se pode engajar.

Um participante comentou que os exercícios de aquecimento foram encadeados sem nenhuma coerência, uma característica comum nos livros do tipo *habilidade-e-exercício*. Tal comentário foi a deixa para que o coordenador propusesse a seguinte questão: "Podemos, com certeza, pressupor uma falta de coerência nesse conjunto de problemas? Pensemos mais profundamente: será que alguém não teve um objetivo unificador em mente que não percebemos?" Novamente a pergunta foi planejada para sair do "avaliativo" e ir na direção do analítico, e para estender nossa imaginação além do que pareciam ser estereótipos claros (de problemas ou de aulas). Quando propusemos a pergunta, não estava claro se ela teria uma resposta plausível; tampouco se um suposto objetivo seria matemático, cognitivo ou afetivo. Porém, intuitivamente, estava claro que tal pergunta teria valor potencial para avançar o modo emergente da discussão. Uma resposta muito interessante e surpreendente surgiu: "Todos esses problemas de aquecimento compartilham, de um modo muito pouco transparente, contextos diferentes de um tópico matemático importante e onipresente em Álgebra: a decomposição em fatores (fatoração)". Se era ou não essa a intenção do autor desses problemas (o que não pode ser estabelecido), este comentário foi entendido como bastante inspirador pela maioria dos participantes, que se acharam de acordo a proposição. Assim, esse conjunto de problemas pode ser usado de um modo muito mais sofisticado do que parecia à primeira vista (por exemplo, para discutir as múltiplas formas e funções da fatoração na Álgebra). A discussão que se seguiu tocou no seguinte ponto: quanto se pode ou se deve ler num livro-texto? Quanto precisamos ou queremos desse tipo de coerência? Além disso, que tipo de aprendizagem visualizamos quando assumimos e valorizamos tal coerência? É sempre desejável / verdadeiro que uma ideia unificadora por trás de um conjunto aparentemente desconexo de problemas facilitará a aprendizagem, especialmente quando cada um desses problemas pode servir a um objetivo muito particular e específico?

Valorizamos esse tipo de discussão por causa de sua produtividade. Ela nos permite desmontar convicções sobre a Matemática e objetivos para o ensino e ignorar a aprendizagem; provê um mecanismo para discuti-los abertamente nem sob uma perspectiva de pesquisa, nem sob um modo avaliativo. Note que a pergunta que gerou tal discussão foi posta como uma especulação. Perguntas dessa natureza são modos de "imaginar como usar proposições avaliativas como introduções à análise" (Seago, 2000, p. 73). A percepção resultante sobre coerência interna foi convincente e útil, e trouxe à linha de frente questões do núcleo da Educação Matemática.

Comentários de um participante

T. A. é uma estudante de pós-graduação, que investiga como os professores produzem sentido para as respostas dos estudantes. Ela decidiu participar da primeira oficina porque o tópico estava próximo de seus interesses de pesquisa e, em consequência, resolveu participar também da segunda.

Falamos com T. A. sobre suas experiências nas oficinas. Ela estava entusiasmada com a ideia (e com sua implementação) de que construtos teóricos podem se tornar ferramentas "práticas" para focalizar questões que moveram os participantes de suas visões iniciais na direção das discussões que tivemos.

Afirmou que estava ciente da teoria relativa ao papel do conhecimento, convicções e metas e que tinha (e ainda tem) dúvida se somente esses três construtos poderiam descrever e explicar as tomadas de decisão do professor. Contudo, além da teoria e de possíveis acordos ou desacordos com isso, o que ela afirmou foi que o ponto crucial da experiência foi a possibilidade de "experimentar" os construtos como ferramentas de análise do ensino e como potenciais "difusores" do discurso avaliativo, tão comum entre os professores.

T. A. comentou que, em cursos de licenciatura (ou em seus trabalhos), os professores normalmente imaginam ou projetam a prática como se fosse construída a partir de determinadas "metas". Na oficina o sentido foi invertido. Os participantes viram ações e decisões do professor e tiveram que deduzir as metas do professor e suas convicções. Professores não estão acostumados a esse modo de pensar, pelo qual são levados a especular sobre o que pode estar subjacente aos exemplos da prática. Essa abordagem oferece uma oportunidade para se afastarem do ponto de vista avaliativo, estimulando-os a inferir todos os tipos de metas e convicções, e não necessariamente aquelas com as quais concordam. Para esse propósito, T. A. acrescentou que é fundamental ter um senso claro de como administrar as perguntas e para onde conduzir as discussões.

Considerações finais

Em nossa busca de criar atividades de desenvolvimento profissional inovadoras, que apoiem o crescimento e a aprendizagem, tentamos estar alinhados com as recomendações sobre como ajudar os professores a se tornar "sérios aprendizes dentro e ao redor de suas práticas, em vez de acumular estratégias e atividades" (Ball; Cohen, 1999, p. 4). Para esse propósito, optamos por fazer uso de construtos teóricos como ferramentas operacionais para analisar as decisões e as ações docentes.

Conhecimento, convicções e metas se tornam um recurso para focalizar assuntos da prática. As respostas às perguntas propostas nas oficinas abriram um espaço mais rico de possíveis razões para as ações dos professores do que inicialmente supunham os participantes. Este rico espaço de possibilidades os abasteceu com assuntos e complexidades para reflexão e discussão. A última meta desse tipo de atividade de desenvolvimento profissional é que internalizem os tipos de perguntas propostas e persigam (talvez com colegas) discussões estimuladas por tais perguntas. A esperança é que a prática se torne mais pensada, baseada numa consciência e numa reflexão sobre um largo espectro de razões para decisões e ações.

Nossa experiência sugere que esse tipo de oficina pode ser produtivo e tem o potencial de proporcionar aos participantes as ferramentas para desenvolverem pontos de vista diferentes daqueles que inicialmente eram sustentados. Este é o tipo de crescimento e de mudança que nós discutimos em nossos comentários introdutórios.

Estamos cientes de que as duas experiências de oficina representam tentativas-piloto para ver se e como tais oficinas podem funcionar. Concluímos, com base no que foi discutido, que vale a pena que a experiência seja repetida e refinada.

O próximo passo é estender as oficinas a populações diferentes de professores. A experiência deve ser monitorada mais sistematicamente; assim, as dúvidas e as sobrecargas do coordenador de tal empreendimento devem ser estudadas com mais profundidade.

Referências

BRUCKHEIMER, M.; HERSHKOWITZ, R. Inservice Teacher Training: The Patient, Diagnosis, Treatment and Cure. In: TAMIR, Pinchas;

HOFSTEIN, Avi; BEN-PERETZ, Miriam (Eds.) *Preservice and Inservice Training of Science Teachers*. Philadelphia: Balaban International Science Services, 1983. p. 125-137.

BALL, D. L.; COHEN, D. K. Developing Practice, Developing Practitioners – Toward a Practice-Based Theory of Professional Education. In: DARLING-HAMMOND, L.; Sykes, G. (Eds.) *Teaching as the learning profession*. Handbook of Policy and Practice. San Francisco: Jossey-Bass, 1999. p. 3-32.

GIBB, E. G.; KARNES, H. T.; WREN, F. L. The Education of Teachers of Mathematics. In: *A History of Mathematics Education in The United States - Thirty Second Yearbook*. Washington, DC: National Council of Teachers of Mathematics, 1970. p. 301-352.

NEMIROVSKY, R.; DI MATTIA, C.; RIBEIRO, B.; LARA-MELOY, T. *Talking about Teaching Episodes Unpublished manuscript available from the authors. In press.*

NODDINGS, N. The Caring Teacher. In: RICHARDSON, V. *Handbook for Research on Teaching*. 4th ed. Washington DC: American Education Research Association, 2001. p. 99-105.

SEAGO, Nanette M. Using video of classroom practice as a tool to study and improve teaching. In: *Mathematics Education in the Middle Grades*. Teaching to Meet the Needs of Middle Grades Learners and to Maintain High Expectations. Proceedings of a National Convocation and Action Conferences. Mathematical Sciences Education Board – National Research Council. Washington, DC: National Academy Press, 2000. p. 63-74.

SCHOENFELD, Alan H. *Toward a theory of teaching-in-context. Issues in Education*. v. 4, n. 1, 1998. p. 1-94.

SCHOENFELD, Alan H. (Special Issue Editor). Examining the Complexity of Teaching. In: *Special issue of the Journal of Mathematical Behavior*, v. 18, n. 3, 1999.

SHULMAN, L. Those Who Understand: Knowledge Growth. In: *Teaching. Educational Researcher*, 15, 1986. p. 233-254.

SPARKS, G. M.; LOUCKS-HORSLEY, S. Models of Staff Development. In: Houston, W. R. (Ed.) *Handbook of Research on Teacher Education*. New York: MacMillan, 1990. p. 234-250.

WILCOX, S. K.; LANIER, P. E. *Using Assessment to Reshape Mathematics Teaching* – A Casebook for Teachers and Teacher Educators, Curriculum and Staff Development Specialist. Hillsdale: LEA, 2000.

Capítulo V

Pesquisa-Projeto (design research): aprendendo a ensinar Matemática

Helen M. Doerr

Terry Wood

Entre educadores matemáticos de todo o mundo, há um consenso de que o ensino de Matemática precisa de um maior desenvolvimento no sentido de alinhá-lo com visões atuais sobre aprendizagem. Embora a criação de práticas efetivas de ensino e a produção de um repertório comum de conhecimentos em Pedagogia sejam duas metas atuais da pesquisa em Educação Matemática (p. ex., Hiebert; Moss; Glass; 2003; Niss, 2004), os avanços direcionados às mudanças no ensino continuam lentos, e as diferenças entre as escolas de melhor e as de pior desempenho permanecem expressivas (Resnick, 2004). Neste capítulo, nós argumentamos que, para melhorar o ensino, um repertório de conhecimentos (N.T.: *knowledge base*) profissionais pedagógicos precisa ser desenvolvido a partir de conhecimentos dos profissionais que atuam na área, de maneira que tal recurso possa ser compartilhado e continuamente aprimorado. Também esquematizamos alguns dos problemas práticos que têm dificultado o desenvolvimento dessa base de conhecimento e ilustramos o potencial da *Pesquisa-Projeto* para lidar com esses problemas. Mais adiante, mostraremos como essa abordagem pode fornecer princípios práticos e instrumentos que permitam melhorar a prática de ensino de Matemática e contribuir para a criação de um repertório comum de conhecimentos para o ensino.

Tem se tornado cada vez mais claro que estudantes, professores, salas de aula e escolas, em conjunto com currículos, tecnologias e instrumentos de aprendizagem precisam ser pensados como sistemas que interagem de maneira complexa. Novas visões de aprendizagem, desenvolvidas nos últimos anos, reconhecem essa complexidade. Todavia, criar práticas efetivas e um conhecimento comum baseado na pedagogia continua sendo um problema sério e um objetivo difícil de ser alcançado. Pesquisas sobre o ensino são particularmente problemáticas dadas as complexidades intrínsecas ao ensino e os ambientes em que ele se desenvolve. Não há um modo fácil ou direto de desentrelaçar o ensino e o conhecimento dos professores da complexidade dos sistemas a eles subjacentes. Na verdade, investigar o ensino como se ele estivesse desconectado desta complexidade, provavelmente levaria a investigação a uma posição de pouca (se é que teria alguma) relevância para a prática. O desafio com que nos defrontamos enquanto investigadores é desenhar pesquisas que levem em conta a multiplicidade de fatores que interagem influenciando as práticas pedagógicas e que, ao mesmo tempo, apoiem mudanças nessas práticas e contribuam para o desenvolvimento de um repertório comum de conhecimento profissional para o ensino de Matemática.

Alguns problemas práticos na pesquisa sobre ensino

A complexidade que caracteriza o ensino e a aprendizagem matemática (veja Davis; Simmt, 2003; Lesh; Doerr, 2003, para uma discussão adicional sobre este assunto) gera vários problemas de ordem prática para a pesquisa e para o ensino de Matemática. O primeiro conjunto de problemas está associado ao desenho da pesquisa, à metodologia e aos quadros teóricos analíticos produzidos empiricamente para sumarizar os resultados. A pesquisa em ensino de Matemática demanda necessariamente uma multiplicidade de desenhos e de metodologias – suficientemente aberta para comportar a pluralidade de perspectivas sobre as áreas de inquérito – no sentido de produzir um repertório comum de conhecimentos que seja útil a múltiplos profissionais e a múltiplos contextos. Contudo, em muitos casos, os resultados das pesquisas, quando vistos individualmente, não avançam na direção do desenvolvimento dessa base comum. Instrumentos como os quadros teóricos analíticos, produzidos de maneira empírica, são regularmente reinventados ao longo do desenvolvimento dos estudos; os resultados são frequentemente relatados de uma forma que torna difícil para pesquisadores ou órgãos de planejamento agregá-los a outros projetos, e para outros profissionais apreenderem resultados importantes e passíveis de ser utilizados na transformação de sua própria prática pedagógicas. Argumentamos que é importante construir algumas estruturas comuns nos projetos de pesquisa, de maneira a conduzir não apenas a um compartilhamento coerente de modelos, metáforas, instrumentos e princípios que apoiem as mudanças na prática, mas também ao desenvolvimento de um repertório de conhecimentos profissionais para o ensino.

Um segundo conjunto de problemas práticos relacionados à pesquisa em ensino é caracterizado pelas dificuldades com a escala e o escopo. Um problema de escala pode ser depreendido do número relativamente alto de pesquisas que envolvem apenas um sujeito ou o autoestudo, com frequência utilizando um membro do próprio grupo de pesquisa ao qual o pesquisador está vinculado. Ainda que tais estudos proporcionem *insights* importantes sobre o ensino, continua sendo difícil estender ou generalizar as metodologias ou os resultados desses estudos a situações que envolvem um número maior de professores. Outro problema de escala é encontrado na dimensão do tempo. Tomando como base os estudos atuais, sugere-se que a duração das pesquisas sobre o desenvolvimento do conhecimento docente precisaria ser da ordem de vários anos, em vez dos vários meses (ou mesmo semanas), que poderiam ser suficientes para a investigação do desenvolvimento conceitual em crianças. Finalmente, o escopo da coleta e a análise de dados, que apresenta problemas particulares para a pesquisa sobre o desenvolvimento do professor. Considerando que o ensino é uma atividade complexa e imersa em um sistema complexo, as fontes de dados potenciais para a compreensão dos processos de ensino são vastas, incluindo volumes de trabalhos de estudantes, resmas de notas de observação e caixas de fitas de áudio e de vídeo de episódios de ensino. A análise desses dados consome um tempo enorme e não pode ser generalizada de imediato para um número maior de professores. Além disso, a maioria não está na forma de artefatos ou instrumentos que possam ser usadas pelos professores na melhoria de suas práticas, nem contribuir diretamente para o desenvolvimento de um repertório de conhecimentos profissionais para o ensino.

Uma terceira área problemática localiza-se no desenvolvimento de intervenções para o aprimoramento da pedagogia, alinhadas a visões atuais sobre a aprendizagem. Enquanto algumas pesquisas sobre o conhecimento docente assumem o formato de pesquisas naturalísticas, que pretendem obter *insights* das práticas tais como elas são, a maioria das pesquisas sobre o desenvolvimento do conhecimento docente tende a ser intervencionista. Ou seja, há sempre alguma intervenção (tal como os programas de desenvolvimento profissional criados para promover a pesquisa em sala de aula) baseada em pesquisa corrente, que, por sua vez, fundamenta o estudo desenvolvido. Queremos argumentar que o desenvolvimento de intervenções em processos envolvendo professores deveria ser de tal ordem que as próprias intervenções se tornassem artefatos ou instrumentos reutilizáveis e compartilháveis em projetos de pesquisa e em programas de desenvolvimento profissional. Desse modo, o desenho de intervenções efetivas poderia se tornar cada vez mais útil aos pesquisadores em diferentes cenários e em seus múltiplos níveis, emprestando, assim, uma coerência necessária à pesquisa e aos projetos de desenvolvimento profissional. Para focalizar esses problemas com a pesquisa em ensino, nós nos voltamos para a categoria mais ampla das *pesquisas-projeto* ou *experimentos-projeto* (*design experiments*), que ganharam significativa atenção recentemente nos Estados Unidos (veja Lesh, 2002 e uma edição especial do *The Educational Researcher*, 2003).

Alguns Princípios Norteadores da Pesquisa-Projeto

Há duas características importantes da *pesquisa-projeto* para investigar o desenvolvimento de um repertório de conhecimentos profissionais para o ensino. A primeira é a intenção explícita de desenvolver (no mesmo sentido da Engenharia ou da Arquitetura) um processo ou um produto aprimorado visando algum propósito dentro de um sistema necessariamente imerso em negociações e limitações. Conforme mencionado anteriormente, é a complexidade dos sistemas de ensino e de aprendizagem que cria a necessidade de lidar com negociações e limitações – características de qualquer sistema complexo. No caso da aprendizagem docente, os processos e os produtos que buscamos aprimorar são as interpretações (ou modos de pensar) que os professores utilizam para dar sentido a seu ensino e os artefatos e instrumentos que são utilizados em seu trabalho. Buscamos compreender as negociações e limitações que eles encontram em sua prática, de maneira que os resultados gerados pela pesquisa se caracterizem mais como indicadores para compreender as variações das especificidades da prática do que como regras universais que governam todas as situações. Tais indicadores precisam incluir não apenas descrições ricas das variações da prática, mas também um sentido sobre como os professores poderiam responder efetivamente a essas variações dentro de seus próprios cenários.

A segunda característica importante da *pesquisa-projeto* é que ela requer vários ciclos de análise para aprimorar o produto e a interpretação em múltiplos níveis. Em outras palavras, a coleta e a interpretação dos dados não acontecem ao término do experimento, mas a própria coleta em desenvolvimento e a interpretação de dados em todos os níveis devem gerar e refinar princípios, propriedades e produtos que sejam cada vez mais úteis a pesquisadores, professores e outros profissionais. Um dos desafios na implementação de uma pesquisa está em articular as interpretações em cada nível de modo que sejam testadas, revisadas e progressivamente compartilhadas, e generalizadas a novos participantes e novos contextos. Lesh e Kelly (2000) descreveram esses múltiplos níveis de interação, interpretação e análise de acordo com o resumo na Fig. 1.

Nível 3 Pesquisadores	Com a ajuda de estudantes e professores, os pesquisadores desenvolvem modelos que dão sentido à aprendizagem de alunos e professores, e reinterpretam e estendem suas teorias.
Nível 2 Professores	Os professores trabalham com colegas e pesquisadores para descrever, explicar e dar sentido à aprendizagem do aluno.
Nível 1 Estudantes	Equipes de estudantes resolvem, com a ajuda de professores, atividades matemáticas por meio das quais eles constroem, revisam e refinam sua interpretação de uma situação-problema.

Figura 1 – *Pesquisa-Projeto*: o experimento de ensino multicamadas

Achamos que o maior desafio na *Pesquisa-Projeto* está centrado nas dificuldades em projetar as atividades (as intervenções) para os professores. A característica essencial dessas tarefas é a capacidade de extrair (ou revelar) os modos correntes do pensamento docente (ou suas interpretações), de maneira que possam ser testados, revisados e refinados. Como pode ser visto na Fig. 1, as atividades visam engajar os professores no trabalho entre si enquanto desenvolvem modos de interpretar os eventos ocorridos na sala de aula, que auxiliaram a aprendizagem dos alunos.

Os tipos de atividades abaixo se revelaram particularmente úteis:

- Desenvolver uma biblioteca de respostas exemplares e ilustrativas dos estudantes às atividades de modelagem. Tal biblioteca deve capturar o espectro de trabalhos de qualidade que podem ser feitos pelos alunos e revelar que aspectos desses trabalhos seriam mais importantes para os professores.

- Criar uma folha de "notas rápidas" para que outros professores as utilizem com seus alunos em atividades de modelagem. Ao produzir essas "notas rápidas", os professores revelam características cruciais da aula, tais como pontos de discussão e questões que poderiam ser proveitosas.
- Refinar as estratégias de fazer observações úteis sobre os trabalhos-em-andamento dos alunos. A geração de "folhas de modos de pensamento" engaja os professores na tarefa de antecipar e avaliar como as ideias dos estudantes poderiam se desenvolver.
- Desenvolver e registrar rótulos e categorias para descrever atos comunicativos de ensino que se tornem uma ferramenta de desenvolvimento de uma linguagem profissional comum de descrição de ações pedagógicas, para que se possa refletir sobre o ensino e aprimorá-lo.
- Desenhar métodos para engajar os estudantes no compartilhamento e na revisão de seus trabalhos. Planejar diretrizes para obter explicações dos alunos revela como os professores equilibram seu papel na explanação de ideias matemáticas com a necessidade de engajar os estudantes na explicação de seus próprios pensamentos matemáticos.

Ao criar, compartilhar e examinar esses tipos de artefatos e instrumentos da prática, achamos que podemos, como pesquisadores, obter *insights* sobre como (e por quê) um professor pensava em uma ou em várias aulas específicas. Por exemplo, nas folhas de "notas rápidas", os professores incluíram lembretes sobre como os estudantes poderiam pensar matematicamente numa tarefa, sobre dificuldades particulares que poderiam ter e uma lista de pontos que poderiam ser levantados para discussão. A seguir apresentamos dois exemplos ilustrativos da *pesquisa-projeto* a partir de trabalhos para as escolas elementares e as secundárias.

Um exemplo de pesquisa com professores em salas de aula do nível elementar

O exemplo a seguir foi tomado de um projeto de pesquisa e desenvolvimento, conduzido durante um ano na Austrália (Sullivan; Siemon, 2003), sobre o ensino do "numeramento"[1] (numeracy). A meta do projeto maior era identificar, descrever e avaliar práticas pedagógicas efetivas no ensino dessas habilidades. Com o propósito de fornecer exemplos da *pesquisa-projeto*, descreveremos somente a porção do projeto na qual os professores se engajavam em "atos comunicativos" para promover a aprendizagem de estudantes do ensino fundamental. A meta para essa parte do projeto era que os professores desenvolvessem uma linguagem significativa e acessível, que pudesse ser utilizada efetivamente para uma reflexão sobre suas práticas (Siemon; Virgona; Lasso; Parsons; Cathcart, 2004). Nesse aspecto específico, esperava-se que os professores trabalhassem coletivamente para identificar atos comunicativos que auxiliavam os estudantes na produção de conexões matemáticas.

Os professores se ocupavam com o processo cíclico de observar e identificar no ensino atos comunicativos consistentes e reproduzíveis que contribuiriam para a aprendizagem do numeramento. Os pesquisadores, inicialmente, davam exemplos de atos comunicativos como a canalização e a focalização (Wood, 1998), mas esperavam que os professores desenvolvessem seus próprios termos, categorias e rótulos para descrever a essência da interação professor-estudante. Professores observadores registravam suas categorias e rótulos em uma folha de anotações junto com evidências de atos comunicativos observados por eles. Essas folhas eram coletadas depois de cada sessão,

[1] N.T.: O conceito de *numeracy* ainda não está bem definido em Educação Matemática e pode variar em função dos diferentes contextos. No entanto, no presente texto, ainda que em português sequer exista este substantivo, eu optei por usar o termo *numeramento*, significando as habilidades usuais e comuns com os números.

e cada ato comunicativo observado por dois grupos era incluído em uma lista cumulativa. Em um dado momento, a lista continha 60 categorias e rótulos; ao término do projeto, ela foi reduzida a 12 categorias discretas, que se tornaram conhecidas como *práticas de andaime* (*scaffolding practices*). Essas folhas de registro se tornavam, então, um instrumento por meio do qual os professores desenvolviam uma linguagem profissional comum, descrevendo eventos observados que reverberavam com suas experiências pedagógicas. Os professores usaram essas categorias para descrever seus processos de ensino e refletirem sobre eles de maneira a aprimorar a qualidade de seus atos comunicativos ao longo do projeto.

Um exemplo de pesquisa com professores secundários de Matemática

Os resultados, nesta seção, são de um projeto de pesquisa de dois anos, em que foram usadas atividades de modelagem para investigar o ensino e a aprendizagem sobre crescimento e decrescimento exponencial. Usando a metodologia do *design experiment*, professores foram engajados no exame do desenvolvimento do raciocínio de estudantes, e pesquisadores, engajados no exame do desenvolvimento do raciocínio dos professores. Todas as três classes de participantes estavam comprometidas com o processo cíclico de interpretar tarefas, revisar e compartilhar o desenvolvimento de suas ideias sobre as atividades. Os professores tinham participado de uma oficina de verão, em que exploraram a Matemática do crescimento e decrescimento exponencial e discutiram várias estratégias que os estudantes poderiam adotar na abordagem das várias atividades, na sequência da aula. Depois do primeiro ano de implementação, os professores desenvolveram uma biblioteca de trabalhos dos estudantes, ilustrando os possíveis modos de pensar desses estudantes na abordagem a uma dada tarefa. Depois do segundo ano, os professores desenvolveram as "notas rápidas" ("quick notes"), que os ajudavam a se lembrar de abordagens pedagógicas que poderiam ser usadas em aula. Durante os dois anos do projeto, os professores participaram de reuniões mensais ao longo do ano letivo, nas quais tanto o pensamento dos estudantes como as estratégias pedagógicas adotadas eram discutidas com colegas e pesquisadores. Uma atenção particular foi dedicada a: (1) ouvir e identificar os possíveis modos de pensar dos estudantes em relação a um dado problema; e (2) estimulá-los a desenvolver e revisar suas próprias estratégias de resolução.

Em uma determinada aula, os estudantes foram engajados na exploração das propriedades das taxas de variação de funções exponenciais. Antes dessa atividade, na sequência da aula, eles tinham investigado taxas de variação em uma série de situações caracterizadas por crescimentos lineares e exponenciais. Eles já sabiam que as funções lineares têm taxa de variação (ou declividade) constante e que as funções exponenciais têm taxas variáveis. Os professores tinham introduzido a notação de "declividade" numa tal função para capturar a ideia de que essa declividade pode ser pensada como uma função. Como era um curso de pré-cálculo, a função "declividade" era uma estimativa da declividade, que foi calculada usando o intervalo $\triangle x = 0{,}01$. A função declividade de $y = 2^x$ foi definida como $y = \frac{2^{x+0{,}01} - 2^x}{0{,}01}$ e imediatamente plotada pelos estudantes em suas calculadoras gráficas. Examinando a declividade das funções $y = 2^x$ e $y = 3^x$ (veja a Fig. 2), os estudantes tinham encontrado duas características importantes da função declividade: (1) que a própria função declividade era exponencial; (2) que o gráfico da função declividade relativa a $y = 2^x$ estava abaixo do gráfico da própria função $y = 2^x$ e que a função declividade relativa a $y = 3^x$ está acima do gráfico de $y = 3^x$. Em seguida, os estudantes foram convidados a encontrar um valor de *a* para o qual o gráfico de $y = a^x$ fosse idêntico ao gráfico de $y = \text{declividade}(a^x)$.

"a" tem que estar entre 2 e 3. Para $y = 2{,}5^x$, em x=0,

$$declividade = \frac{1{,}0092 - 1}{0{,}01} = \frac{0{,}0092}{0{,}01} = 0{,}92$$

Para $y = 2{,}7^x$, em x=0, $declividade = \frac{1{,}01 - 1}{0{,}01} = \frac{0{,}01}{0{,}01} = 1$

Logo, $y = 2{,}7^x$ é a resposta!

Figura 2 – Gráficos de duas funções exponenciais e suas respectivas funções "declividade".

Inicialmente, os professores ficaram surpresos quando descobriram que o valor de "a" era aproximadamente o valor de *e*, e, usando esses resultados, estabeleceram novas conexões com seus conhecimentos de Cálculo relacionados à derivada de $y = e^x$. Para descobrir o valor de *a*, todos os professores se valeram de alguma variação da abordagem algébrica ao problema, mostrada na Fig. 3:

$$Resolva\ a^x = \frac{a^{x+0{,}01} - a^x}{0{,}01}\ para\ a.$$

$$\begin{aligned}
a^x &= \frac{a^{x+0{,}01} - a^x}{0{,}01}\\
0{,}01a^x &= a^{x+0{,}01} - a^x\\
0{,}01a^x &= a^x\left(a^{0{,}01} - 1\right)\\
0{,}01 &= a^{0{,}01} - 1\\
1{,}01 &= a^{0{,}01}\\
\log(1{,}01) &= \log(a^{0{,}01})\\
\log(1{,}01) &= 0{,}01\log(a)\\
\frac{\log(1{,}01)}{0{,}01} &= \log(a)\\
10^{\frac{\log(1{,}01)}{0{,}01}} &= 10^{\log(a)}\\
a &\approx 2{,}7048
\end{aligned}$$

Figura 3 – A solução algébrica dos professores.

Uma vez que os professores trabalhavam coletivamente, ouvindo e identificando modos alternativos dos quais os estudantes poderiam se valer para abordar problemas como estes, eles estavam curiosos sobre outras abordagens que os estudantes pudessem ter usado para resolver o problema. Considerando que tinham chegado à solução algébrica anterior, métodos alternativos de solução não pareciam imediatamente óbvios para eles. Além disso, a característica proeminente do problema era a inesperada conexão com valor de *e*. De maneira unânime, eles concordaram que essa abordagem era muito mais intuitiva do que qualquer outra que já tinham visto. Enquanto eles trabalhavam com o problema em suas salas de aula, diversas variações de estratégias de solução tinham surgido. As soluções apresentadas pelos estudantes proporcionaram *insights* adicionais aos professores sobre a Matemática do problema e sobre possíveis abordagens pedagógicas.

Estratégias dos estudantes para encontrar a base "a"

Três soluções dos alunos (além da solução dos professores, Fig. 3) representaram a gama de soluções que emergiram em sala de aula. A primeira, da estudante Leah, foi semelhante à solução anterior, no sentido de ser primordialmente algébrica. Entretanto, de maneira distinta da dos professores, sua estratégia (mostrada na Fig. 4) contornou o uso dos logaritmos.

A solução de Leah

$$a^x = \frac{a^{x+0,01} - a^x}{0,01}$$

$$0,01a^x = a^{x+0,01} - a^x$$

$$0,01a^x = a^x(a^{0,01} - 1)$$

$$0,01 = a^{0,01} - 1$$

$$1,01 = a^{0,01}$$

$$[1,01]^{100} = a$$

$$a = 2,7$$

Figura 4 – Uma solução da estudante semelhante à solução dos professores.

Os professores perceberam que o uso de potências provocava *insights* e que muitos de seus estudantes poderiam achar essa estratégia mais natural do que o uso explícito de logaritmos. Durante a discussão, identificaram também a dificuldade encontrada em fatorar a^x pelo lado direito, movimento que se tornou um obstáculo importante para um grande número de estudantes.

Uma abordagem não antecipada pela maioria dos professores foi a solução de Melinda, mostrada em Fig. 5, focalizando o valor da declividade em x = 0:

A solução de Melinda

"a" tem que estar entre 2 e 3. Para $y = 2{,}5^x$, em x=0,

$$declividade = \frac{1{,}0092 - 1}{0{,}01} = \frac{0{,}0092}{0{,}01} = 0{,}92$$

Para $y = 2{,}7^x$, em x=0, $declividade = \frac{1{,}01 - 1}{0{,}01} = \frac{0{,}01}{0{,}01} = 1$

Logo, $y = 2{,}7^x$ é a resposta!

Figura 5 – Examinando o valor da declividade em x = 0

Os professores não apenas consideraram elegante essa solução como também tiveram uma compreensão abstrata da função exponencial e de sua respectiva função taxa de variação. Mas o aspecto mais surpreendente dessa solução para os professores foi que nenhum deles a tinha usado ou antecipado. Isso revelou que seus estudantes poderiam raciocinar sobre os problemas de maneiras que nem eles tinham pensado. Discussões posteriores sobre este assunto revelaram a necessidade de ficar mais atentos aos modos alternativos de pensar dos estudantes. Essa era uma ideia particularmente convincente, uma vez que a solução tinha emergido na prática de um de seus colegas. Nesse sentido, era um resultado de pesquisa embutido na prática.

A terceira solução surgiu com uma professora que habitualmente encorajava seus estudantes a usar calculadoras gráficas, de qualquer modo que fizesse sentido a eles. Ela tinha introduzido e regularmente utilizado a calculadora para construir a função declividade de qualquer função arbitrária y_1. Vários estudantes em sua classe usaram essa função declividade para achar o valor de *a*. Um estudante descreveu como entrou com as funções em sua calculadora e como seguidamente conferiu a tabela e o gráfico até achar um valor da base *a* que gerasse o mesmo gráfico para as duas funções (veja a Fig. 6):

A solução de Chris

f(x)=2^x

$$\text{declividade}(f(x)) = \frac{f(x + 0{,}01) - f(x)}{0{,}01}$$

Entre na calculadora com y1(x)=2^x e

y2(x)=(y1(x+0,01)-y1(x))/0,01

Experimente valores para a base e verifique a tabela até que as funções sejam as mesmas e y=2.71^x.

Figura 6 – Usando a tabela e o gráfico para achar o valor de *a*.

Dois aspectos dessa solução despontaram o interesse dos professores. Primeiro, eles viram que a calculadora poderia ser usada para criar a função declividade. Vários professores perceberam que seus estudantes estariam suficientemente aptos a usar a calculadora, que "veriam" essa sintaxe e entenderiam o que estava sendo calculado. Segundo, os professores perceberam que essa abordagem ao problema seria acessível para aqueles estudantes que têm dificuldades com a álgebra simbólica caracterizada na primeira solução.

Os modos de pensar dos estudantes relatados posteriormente tornaram-se incorporados às "notas rápidas" que os professores coletivamente inventaram para capturar as próprias ideias sobre os modos de pensar dos estudantes. Examinando as soluções dos alunos, os professores se deram conta da gama de trabalhos de qualidade que foram produzidos. Enquanto coletavam exemplos interessantes desses trabalhos, eles revelavam quais aspectos eram mais importantes e desenvolviam estratégias para observar e responder às variações do pensamento dos alunos.

Considerações finais

A *pesquisa-projeto* tem potencial para lidar com vários dos problemas práticos encontrados nas pesquisas sobre as complexidades do ensino. O primeiro conjunto de problemas práticos que discutimos no começo deste capítulo sugeriu a necessidade de criar um repertório compartilhado de conhecimentos para o ensino e para as pesquisas que busquem mudanças nas práticas. Gerando produtos como as categorias para descrever e refletir sobre os aspectos comunicativos do ensino ou uma biblioteca de modos que os estudantes poderiam se valer para abordar uma tarefa matemática particular, os pesquisadores e os professores estão fazendo contribuições para um repertório de conhecimentos para o ensino. Além disso, tais contribuições estão diretamente relacionadas às mudanças nas práticas dos professores. O segundo conjunto de problemas práticos relacionou-se às questões de escala e de escopo. Uma característica essencial da *pesquisa-projeto* no ensino é que equipes de professores trabalham em conjunto (e com seus próprios estudantes) para criar artefatos e instrumentos úteis.

Um grande número de professores está envolvido em testar, implementar e revisar os artefatos e as ferramentas durante os ciclos de projetos em múltiplos cenários. Ambos, processos e produtos de tal trabalho são extensíveis e generalizáveis para um número maior de professores. Uma vez que a *pesquisa-projeto* envolve os professores na criação e revisão de artefatos e instrumentos, a coleta de dados se generaliza mais facilmente para o número de professores envolvidos, e a respectiva análise resulta em produtos que contribuem para o repertório de conhecimentos para o ensino. Na pesquisa que apresentamos com professores dos níveis elementar e secundário, as categorias que descrevem atos comunicativos e a biblioteca de trabalhos dos estudantes são produtos de análise que contribuem também para um repertório de conhecimentos para o ensino. Finalmente, o terceiro conjunto de problemas práticos tratou do desenvolvimento de intervenções para aprimorar a pedagogia.

Assim como acreditamos que os exemplos que descrevemos são passíveis de ser implementados pelos professores, reconhecemos que os princípios norteadores para o desenho de tal intervenção ainda necessitam de mais investigações. Vemos tal trabalho como diretamente informado pelos produtos e pelos processos que as equipes de pesquisadores e professores compartilham em múltiplos cenários, na medida em que continuem lidando com a ampla gama de problemas práticos encontrados no cotidiano docente, na direção de pedagogias que melhor se alinhem às visões atuais da aprendizagem.

Embora pesquisas dessa natureza estejam situadas em contextos e cenários trabalhados por professores de Matemática, espera-se que os resultados sejam compartilháveis e potencialmente generalizáveis a um escopo mais amplo, a fim de criar um repertório comum de conhecimentos para o ensino. Além disso, muitos – como a própria Academia Nacional de Educação nos EUA – pensam que as críticas à falta de generalidade dos resultados em *pesquisa-projeto* são infundadas. Os críticos afirmam que esses resultados são limitados às práticas educacionais e aos recursos em cenários específicos de pesquisa. Em lugar de pensar que os resultados de pesquisa devem ser adaptados universalmente, seria mais útil esperar que, de fato, os resultados é que demandam adaptação significativa dos cenários locais e de seus recursos. Acredita-se que, sob essa abordagem, os resultados serão disseminados mais amplamente.

Referências

American Education Research Association. *The Educational Researcher,* 2003

DAVIS, B.; SIMMT, E. Understanding learning systems: Mathematics education and complexity science. *Journal of Research in Mathematics Education*. v. 32, n. 9, 2003.

HIEBERT, J.; MOSS, A.; GLASS, B. Learning to learn to teach: An experiment model for teaching and teacher preparation in mathematics. *Journal of Mathematics Teacher Education,* n. 6, v. 3, 2003, p. 201-222.

LESH, R.; LESH, R. Research design in mathematics education: Focusing on design experiments. In: ENGLISH, L. D. (Ed.). *Handbook of international research in mathematics education*. Mahwah, NJ: Lawrence Erlbaum Associates, 2002. p. 27-49.

LESH, R.; DOERR, H. M. Foundations of a models and modeling perspective on mathematics teaching and learning. In: LESH, R. A.; DOERR, H. M. (Eds.), *Beyond constructivism: Models and modeling perspectives on mathematics problem solving, learning and teaching*. Mahwah, NJ: Lawrence Erlbaum Associates, 2003, p. 3-33.

LESH, R.; KELLY, A. Multi-tiered teaching experiments. In: KELLY, A.; LESH, R. (Eds.), *Handbook of Research in Mathematics and Science Education x Mahwah,* NJ: Lawrence Erlbaum Associates, 2000. p. 3-33.

NISS, M. The danish "KOM" project and possible consequences for teacher education. In: STRAESSER, R.; BRANDELL, G.; GREVHOLM, B.; HELENIUS, O. (Eds.), *Educating for the future* - Proceedings of the Malmö Symposium, 2004. p. 179-190.

RESNICK, L. Teachers matter: Evidence from value-added assessments. *Research Points,* v. 2 n. 2, 2004, p. 1-4.

SIEMON, D.; VIRGONA, J.; LASSO, M.; PARSONS, V.; Cathcart, J. Elaborating the teacher's role – towards a professional language. In: HØINES, M.; FUGELSTAD, A. (Eds.). *Proceedings of the 28th Conference of the International Group for the Psychology of Mathematics Education.* Bergen: Bergen University College. 2004, v. 4, p. 193-200

SULLIVAN, P.; SIEMON, D. Intended and actual approaches to teacher communication in mathematics lessons. In: BRAGG, L.; CAMPBELL, C.; Herbert, G.; MOUSLEY, J. (Eds.). *Proceedings of the 26th Annual Conference of the Mathematics Education Research Group of Australasia.* Geelong: MERGA. v. 2, 2003. p. 658-665.

WOOD, T. Funneling or focusing? Alternative patterns of communication in mathematics class. In: STEINBRING, H.; BARTOLINI-BUSSI, M.

G.; SIERPINSKA, A. (Eds.). *Language and communication in the mathematics classroom*. Reston, VA: National Council of Teachers of Mathematics, 1998. p. 167-178.

Autores

Abrahan Arcavi

Abraham Arcavi, nascido e educado na Argentina, é licenciado em Matemática Aplicada pela Universidad CAECE, de Buenos Aires, e mestre e doutor em Educação Matemática pelo The Weizmann Institute of Science, de Israel. Foi professor em pós-doutorado da University of California, Berkeley, EUA e, atualmente, é professor do Departamento de Ensino de Ciências do referido instituto israelense. Seus interesses de pesquisa localizam-se no ensino e aprendizagem de Matemática no nível secundário e na integração da História da Matemática à Educação Matemática.

Alan Schoenfeld

Alan Schoenfeld é professor de Matemática da University of California at Berkeley, onde ocupa também a cátedra denomina da "Elisabeth and Edward Conner" da Escola de Pós-graduação em Educação da mesma universidade. Obteve seu doutorado em Matemática no ano de 1973 na Stanford University e, na metade desta mesma década, redirecionou seus interesses de pesquisa para a área educacional. É ex-presidente da American Educational Research Association, ex-vice-presidente da National Academy of Education, EUA, e membro da American Association for the Advancement of Science. Suas pesquisas focalizam o pensamento matemático e o ensino e a aprendizagem da Matemática, o que inclui resolução de problemas, e eficiência e aprimoramento no ensino de Matemática.

A. J. (Sandy) Dawson

A. J. (Sandy) Dawson é professor da Faculdade de Educação da University of Hawaii, Honolulu. É também diretor do Projeto MENTOR, desenvolvido nas ilhas do Pacífico sob o patrocínio do PREL (Pacific Resources for Education and Learning) com verbas do NSF – (National Science Foundation), EUA. Nestas posições Sandy tem trabalhado com professores de Matemática do Havaí e de outras regiões do Pacífico, como a Micronésia, a Samoa Americana, Guam, as Repúblicas de Palau e das Ilhas Marshall e as Ilhas Marianas do Norte. É também presidente do CMESG (Canadian Mathematics Education Study Group) e está completando seu mandato de quatro anos no PME (International Committee of Psychology of Mathematics Education). Sandy foi, também, presidente da Conferência PME 27/PMENA 25, ocorrida no ano de 2003 em Honolulu.

Jill Adler

Jill Adler é professora de Educação Matemática e chefe da Divisão da Educação em Matemática e Ciências do Instituto de Educação da University of the Witwatersrand, localizada em Johannesburg, África do Sul. Seu escopo de pesquisa focaliza três temas inter-relacionados: Ensino de Matemática em salas de aula multilíngues, Desenvolvimento Profissional de Professores de Matemática e, finalmente, o Trabalho Matemático no Ensino. Seus trabalhos têm sido publicados em periódicos e livros, cuja seleção estão disponíveis em seu website: www.wits.ac.za/jadler. É membro de vários comitês editoriais de revistas especializadas em Educação Matemática e é atualmente vice-presidente do ICMI – The International Comission of Mathematical Instruction.

Helen M. Doerr

Helen M. Doerr é doutora em Educação Matemática e professora da Syracuse University, localizada no estado de New York, EUA. Atua no Programa de Ensino e Liderança do Instituto de Educação e no Departamento de Matemática da Faculdade de Artes e Ciências. Como especialista em Educação Matemática no Ensino Médio, com interesses de pesquisa em ensino, aprendizagem, comunicação e modelagem matemática, tem investigado tais temas em cenários urbanos numa abordagem metodológica inspirada nas pesquisas-projeto. Ex-professora do Ensino Fundamental e do Ensino Médio, atualmente leciona Matemática em nível de graduação em cursos da Syracuse University.

Marcelo de Carvalho Borba

É natural do Rio de Janeiro, RJ, estudou matemática na UFRJ e fez Mestrado em Rio Claro, onde escreveu uma dissertação sobre etnomatemática. Ministrou aulas em escolas do ensino médio e fundamental, assim como na PUC-RJ. Em seguida, se mudou para os Estados Unidos, onde fez o doutorado em Educação Matemática na Universidade de Cornell, escrevendo uma tese sobre Informática e Educação Matemática. Desde 1993, é professor do Departamento de Matemática da UNESP, Rio Claro, onde ministra aulas na graduação e na pós-graduação em Educação Matemática. O autor já fez estágios de curta duração de pós-doutoramento nos Estados Unidos e na Dinamarca, onde ministrou palestras e cursos, e tem diversas publicações no País e no exterior.

Mogens Niss

Mogens Niss é professor de Matemática e de Educação Matemática em Copenhagen na Dinamarca. Nascido em 1944, sua formação inicial foi em Matemática Pura, tendo se especializado em Teoria da Medida em Topologia. Depois de alguns anos na University of Copenhagen, juntou-se à equipe que veio a fundar a Roskilde University, também na Dinamarca, em 1972, universidade na qual tem trabalhado desde então. Seu campo de pesquisa é a Educação Matemática, com interesses em Didatica da Modelagem e das Aplicações Matemáticas, na justificação do problema da educação matemática na sociedade, na natureza e no papel da pesquisa em Educação Matemática e, finalmente, em Avaliação. Sobre esses temas ele tem publicado mais de uma centena de artigos e livros. Foi membro do Comitê Executivo do ICMI no período de 1987 a 1998, tendo ocupado nos últimos oito anos a Secretaria Geral da organização. Foi presidente do Comitê Internacional de Programa do ICME-10, ocorrido em Copenhagen em 2004, foi Diretor do Projeto dinamarquês KOM (Competências e Aprendizagem de Matemática) no período de

2000 a 2002, e, atualmente, é Diretor da Escola Nacional de Pós-graduação em Educação Matemática e em Ciências da Dinamarca.

Visite: http://www.rc.unesp.br/igce/pgem/gpimem.html

Terry Wood

Terry Wood é professora de Educação Matemática da Purdue University, localizada no Estado de Indiana, EUA. Pesquisadora interessada nas interações entre o ensino e a aprendizagem, com foco específico nos aspectos sociais e sociocognitivos da aprendizagem infantil, ela tem sido agraciada com verbas da National Science Foundation e da Spencer Foundation. Dentre seus livros destacam-se: *Transforming Children's Mathematics Education: International Perspectives*, *Mathematics Teacher Education: Critical International Perspectives*, and *Beyond Classical Pedagogy, Teaching Elementary School Mathematics*. Atualmente é editora associada do *Journal of Mathematics Teacher Education* e membro do corpo editorial da *Educational Studies in Mathematics*, do *Journal of Teacher Education and Child Development* e da *International Commission for Mathematical Instruction (ICMI) 15 Study*.

Outros títulos da coleção

"Tendências em Educação Matemática"

Descobrindo a Geometria Fractal para a sala de aula

Autor: Ruy Madsen Barbosa

Nesse livro, Ruy Madsen Barbosa apresenta um estudo dos belos fractais, voltado para seu uso em sala de sula, buscando a sua introdução na Educação Matemática brasileira, fazendo bastante apelo ao visual artístico, sem prejuízo da precisão e rigor matemático. Para alcançar esse objetivo, o autor incluiu capítulos específicos, como os de criação e de exploração de fractais, de manipulação de material concreto, de relacionamento com o triângulo de Pascal, e particularmente um com recursos computacionais com *softwares* educacionais em uso no Brasil. A inserção de dados e comentários históricos tornam o texto de interessante leitura. Anexo ao livro é fornecido o CD-Nfract, de Francesco Artur Perrotti, para construção dos lindos fractais de Mandelbrot e Julia.

Didática da Matemática – Uma análise da influência francesa

Autor: Luiz Carlos Pais

Nesse livro, Luiz Carlos Pais apresenta aos leitores conceitos fundamentais de uma tendência que ficou conhecida como "Didática Francesa". Educadores matemáticos franceses na sua maioria desenvolveram um modo próprio de ver a educação centrada na questão do ensino da Matemática. Vários educadores matemáticos do Brasil adotaram alguma versão dessa tendência ao trabalharem com concepções dos alunos, com formação de professores dentre outros temas. O autor é um dos maiores especialista no País nessa tendência e o leitor verá isso ao se familiarizar com conceitos, como transposição didática, contrato didático, obstáculos epistemológicos e engenharia didática, dentre outros.

Educação Matemática de Jovens e Adultos – especificidades, desafios e contribuições

Autora: Maria da Conceição F. R. Fonseca

Nesse livro, Maria da Conceição F. R. Fonseca apresenta ao leitor uma visão do que é a Educação de Adultos e de que forma essa se entrelaça com a Educação Matemática. A autora traz para o leitor reflexões atuais feitas por ela e por outros educadores que são referência na área de Educação de Jovens e Adultos no País. Este quinto volume da coleção "Tendências em Educação Matemática" certamente irá impulsionar a pesquisa e a reflexão sobre o tema, fundamental para a compreensão da questão do ponto de vista social e político.

Etnomatemática – elo entre as tradições e a modernidade

Autor: Ubiratan D'Ambrosio

Nesse livro, Ubiratan D'Ambrosio apresenta seus mais recentes pensamentos sobre Etnomatemática, uma tendência da qual é um dos fundadores. Ele propicia ao leitor uma análise do papel da Matemática na Cultura Ocidental e da noção de que Matemática é apenas uma forma de Etno-Matemática. O autor discute como a análise desenvolvida é relevante para a sala de aula. Faz ainda um arrazoado de diversos trabalhos na área já desenvolvidos no País e no exterior.

Filosofia da Educação Matemática

Autores: Maria Aparecida Viggiani Bicudo, Antonio Vicente Marafioti Garnica

Nesse livro, Maria Bicudo e Antonio Vicente Garnica apresentam ao leitor suas ideias sobre Filosofia da Educação Matemática. Eles propiciam ao leitor a oportunidade de refletir sobre questões relativas à Filosofia da Matemática, à Filosofia da Educação e mostram as novas perguntas que definem essa tendência em Educação Matemática. Nesse livro, em vez de ver a Educação Matemática sob a ótica da Psicologia ou da própria Matemática, os autores a veem sob a ótica da Filosofia da Educação Matemática.

Formação Matemática do Professor – Licenciatura e prática docente escolar

Autores: Plinio Cavalcante Moreira e Maria Manuela M. S. David

Nesse livro, os autores levantam questões fundamentais para a formação do professor de Matemática. Que Matemática deve o professor de Matemática estudar? A acadêmica ou aquela que é ensinada na escola? A partir de perguntas como essas, os autores questionam essas opções dicotômicas e apontam um terceiro caminho a ser seguido. O livro apresenta diversos exemplos do modo como os conjuntos numéricos são trabalhados na escola e na academia. Finalmente, cabe lembrar que esta publicação inova ao integrar o livro com a internet. No site da editora www.autenticaeditora.com.br, procure por Educação Matemática, pelo título A formação matemática do professor: licenciatura e prática docente escolar, onde o leitor pode encontrar alguns textos complementares ao livro e apresentar seus comentários, críticas e sugestões, estabelecendo, assim, um diálogo on-line com os autores.

História na Educação Matemática – propostas e desafios

Autores: Antonio Mikguel e Maria Ângela Miorim

Neste livro, os autores discutem diversos temas que interessam ao educador matemático. Eles abordam História da Matemática, História da Educação Matemática e como essas duas regiões de inquérito podem se relacionar com a Educação Matemática. O leitor irá notar que eles também apresentam uma visão sobre o que é História e abordam esse difícil tema de uma forma acessível ao leitor interessado no assunto. Este décimo volume da coleção certamente transformará a visão do leitor sobre o uso de História na Educação Matemática.

Informática e Educação Matemática

Autores: Marcelo de Carvalho Borba, Miriam Godoy Penteado

Os autores tratam de maneira inovadora e consciente da presença da informática na sala de aula quando do ensino de matemática. Sem prender-se a clichês que entusiasmadamente apoiam o uso de computadores para o ensino de matemática ou criticamente negam qualquer uso desse tipo, os autores citam exemplos práticos, fundamentados em explicações teóricas objetivas, de como se pode relacionar matemática e informática em sala de aula. Tratam também de questões políticas relacionadas à adoção de computadores e calculadoras gráficas para o ensino de matemática.

Investigações matemáticas na sala de aula

Autores: João Pedro da Ponte, Joana Brocardo, Hélia Oliveira

Neste livro, os autores analisam como que práticas de investigação desenvolvidas por matemáticos podem ser trazidas para a sala de aula. Eles mostram resultados de pesquisas ilustrando as vantagens e dificuldades de se trabalhar com tal perspectiva em Educação Matemática. Geração de conjecturas, reflexão e formalização do conhecimento são aspectos discutidos pelos autores ao analisarem os papéis de alunos e professores em sala de aula, quando lidam com problemas em áreas como geometria, estatística e aritmética.

Este livro certamente levará o leitor a outros títulos da coleção, na medida em que lida com temas como, por exemplo, o papel da informática em investigações e temas relacionados à psicologia da Educação Matemática.

Lógica e linguagem cotidiana – verdade coerência, comunicação, argumentação

Autores: Nílson José Macado e Marisa Ortegoza da Cunha

Neste livro, os autores buscam ligar as experiências vividas em nosso cotidiano a noções fundamentais tanto para a lógica como para a matemática. Através de uma linguagem acessível, o livro possui uma forte base filosófica que sustenta a apresentação sobre lógica e certamente ajudará a coleção a ir além dos muros do que hoje é denominado Educação Matemática. A bibliografia comentada permitirá que o leitor procure outras obras para aprofundar os temas de seu interesse, e um índice remissivo, no final do livro, permitirá que o leitor ache facilmente explicações sobre vocábulos como contradição, dilema, falácia, proposição e sofisma. Embora este livro seja recomendado a estudantes de cursos de graduação e de especialização, em todas as áreas, ele também se destina a um público mais amplo. Visite também o site *www.rc.unesp.br/igce/pgem/gpimem.html*

Psicologia da Educação Matemática

Autor: Jorge Tarcísio da Rocha Falcão

Neste livro, o autor apresenta ao leitor a Psicologia da Educação Matemática embasando sua visão em duas partes. Na primeira, ele discute temas como psicologia do desenvolvimento, psicologia escolar e da aprendizagem, mostrando como um novo domínio emerge dentro dessas áreas mais tradicionais. Em segundo lugar, são apresentados resultados de pesquisa fazendo a conexão com a prática daqueles que militam na sala de aula. O autor defende a especificidade deste novo domínio, na medida em que é relevante considerar o objeto da aprendizagem, e sugere que a leitura deste livro seja complementada por outros dessa coleção, como *Didática da Matemática: sua influência francesa, Informática e Educação Matemática* e *Filosofia da Educação Matemática.*

Pesquisa Qualitativa em Educação Matemática

Autor: Marcelo de Carvalho Borba e Jussara de Loiola Araújo (Orgs.)

Os autores apresentam, neste livro, algumas das principais tendências no que tem sido denominado Pesquisa Qualitativa em Educação Matemática. Essa visão de pesquisa está baseada na ideia de que há sempre um aspecto subjetivo no conhecimento produzido. Não há, nessa visão, neutralidade no conhecimento que se constrói. Os quatro capítulos explicam quatro linhas de pesquisa em Educação Matemática, na vertente qualitativa, que são representativas do que de importante vem sendo feito no Brasil. São capítulos que revelam a originalidade de seus autores na criação de novas direções de pesquisa.

QUALQUER LIVRO DO NOSSO CATÁLOGO NÃO ENCONTRADO NAS LIVRARIAS PODE SER PEDIDO POR CARTA, FAX, TELEFONE OU PELA INTERNET.

Rua Aimorés, 981, 8º andar – Funcionários
Belo Horizonte-MG – CEP 30140-071

Tel: (31) 3222 6819
Fax: (31) 3224 6087
Televendas (gratuito): 0800 2831322

vendas@autenticaeditora.com.br
www.autenticaeditora.com.br

ESTE LIVRO FOI COMPOSTO COM TIPOGRAFIA PALATINO E IMPRESSO EM PAPEL OFF SET 75 G NA SERMOGRAF ARTES GRÁFICAS.